ARBEITSMETHODEN
DER MODERNEN
NATURWISSENSCHAFTEN

GRUBENGASANALYSE IM KOHLENBERGBAU

Von

DR. R. KATTWINKEL

GELSENKIRCHEN

Mit 30 Abbildungen im Text

1950

WALTER DE GRUYTER & CO.

vormals G J. Göschen'sche Verlagshandlung / J. Guttentag, Verlagsbuchhandlung / Georg Reimer / Karl J. Trübner / Veit & Comp.

BERLIN W 35

Archiv-Nr. 528450, Printed in Germany

Satz: Walter de Gruyter & Co., Berlin W 35

Druck: Thormann & Goetsch, Berlin SW 61

Vorwort

Die Untersuchung der Grubenwetter, Grubengase und Brandgase ist ein Spezialgebiet der Gasanalyse. Otto Brunck gebührt das Verdienst, diesen Teil der Gasanalyse in Form einer „Anleitung zur Ausführung von Wetteranalysen nach einfachen Methoden" in Buchform herausgegeben zu haben. Sein Leitfaden kommt weniger den Bedürfnissen der Praxis entgegen, sondern ist in erster Linie für Lehrzwecke bestimmt. Die von O. Brunck aus didaktischen Gründen beschriebenen Methoden und Einrichtungen sind infolge des rapiden Fortschrittes der Wissenschaft und der Grubensicherheit überholt. Der Bergbau verlangt zur Überwachung der Wetter exakte gasanalytische Verfahren, die rasch zum Ziele führen. Nach diesem Gesichtspunkt wurde vorliegende Schrift verfaßt. Zum besseren Verständnis und zur Beurteilung der Wetteranalysen wurde eine Bearbeitung des Schrifttums über Grubenwetter und Grubenbrandgase in möglichst gedrängter Form dem experimentellen Teil vorausgeschickt.

Anregungen und Vorschläge zu Verbesserungen sind dem Verfasser jederzeit willkommen.

Gelsenkirchen, Oktober 1950.

R. Kattwinkel

Inhaltsübersicht

I. Allgemeines über Grubenluft und Grubengase

Die Grubenluft unterscheidet sich von normaler Luft, abgesehen vom Methangehalt, in ihrem Gehalt an Kohlendioxyd, Sauerstoff und Stickstoff. Durch die Absorption des Sauerstoffs durch die Kohle wird der Kohlendioxydgehalt erhöht, der Sauerstoffgehalt erniedrigt und der Stickstoffgehalt vermehrt. Die Bewetterung einer Schlagwettergrube mit frischer Luft soll so eingestellt sein, daß in den ausziehenden Wettern der Kohlendioxydgehalt unter 0,30 Vol.-% bleibt und der Methangehalt einen Betrag von 0,20 Vol.-% nicht übersteigt. Wetter mit einem Sauerstoffgehalt von nur 19,5% sind verbrauchte Wetter. Bei 0,5% Kohlendioxyd erhalten diese Wetter etwa 1% Methan. Welche Riesenmenge Methan in die Atmosphare gelangt, geht aus einer Mitteilung von Czako[1]) hervor, der fur das Ruhrgebiet eine tägliche Menge von 1 200 000 m³ Methan errechnete. Methan-Ansammlungen bezeichnet der Bergmann als schlagende Wetter oder Schlagwetter. Matte Wetter sind, wie Haldane und Atkinson[2]) zuerst gezeigt haben, Gasgemische aus Stickstoff und Kohlendioxyd. Sie kommen häufig in alten oder schlecht ventilierten Bauen vor. Die Anteile an Stickstoff und Kohlendioxyd sind verschiedene und betragen nach den genannten Forschern etwa 86 Vol.-% Stickstoff und 14 Vol.-% Kohlendioxyd. Da kein Sauerstoff in matten Wettern vorhanden ist, können sie auch keine Verbrennung mehr unterhalten. Das durch unvollständige Verbrennung der Kohle entstehende giftige Kohlenoxyd tritt stets in erhöhtem Maße infolge von Explosionen und von Bränden in der Grube auf und bildet für Menschen und Tiere eine große Gefahr.

Die für den Bergbaubetrieb wichtigsten Kennzahlen der Kohlenstoffverbindungen Kohlendioxyd, Kohlenoxyd und Methan seien nachstehend kurz erläutert. Anschließend erfolgt

---

[1]) Ztschr. anorg. Chem. **1913**, S. 249

[2]) Trans. Inst. Min. Eng. **1894/5**, S. 549.

eine Beschreibung der frischen Wetter mit ihren Hauptbestandteilen Sauerstoff und Stickstoff.

Das Kohlendioxyd (CO_2) wird in den technischen Betrieben und im Bergbau allgemein als Kohlensäure bezeichnet. Sie ist das Endprodukt der Oxydation kohlenstoffhaltiger Substanzen. Sie findet sich frei in der atmosphärischen Luft zu etwa 3 Raumteilen auf 10 000 Raumteilen Luft, also zu 0,3 l oder 0,5 g auf 1 m^3 Luft. Der bedeutend höhere Gehalt der Grubenluft an Kohlensäure stammt zu einem Teil aus der Kohle selbst, in deren Poren sie als Produkt des Inkohlungsvorganges der Pflanzen enthalten ist, zum anderen Teil ist sie durch Einflüsse des Bergbaues neu gebildet worden. Ihre Menge schwankt daher je nach Art des Abbaues und der Oxydationsfähigkeit der Kohle. Patteisky[1]) schätzt die Menge der neugebildeten Kohlensäure auf 3 bis 15 oder höchstens 20 m^3 je Tonne geförderter Kohle. Die Kohlensäure ist erheblich schwerer als Luft, und zwar im Verhältnis des Molekulargewichts der Kohlensäure = 44 zu dem durchschnittlichen Molekulargewicht der Luft = 29, also 44 : 29 = 1,5mal schwerer als Luft. 1 l des Gases wiegt 1,9768 g. Die Kohlensäure läßt sich daher ähnlich wie eine Flüssigkeit aus einem Gefäß in ein anderes ausgießen. Das hohe Gewicht der Kohlensäure ist auch der Grund dafür, daß sie sich in den Brandfeldern und Strecken am Boden ansammelt und nur äußerst langsam in die überstehenden Schichten diffundiert. Das Gas läßt sich unter Atmosphärendruck bei Abkühlung auf —87°, unter einem Druck von 36 Atm. jedoch schon bei 0° verflüssigen. 1 kg verflüssigtes Gas entspricht 509 l gasförmiger Kohlensäure bei 0° und 760 mm Druck bzw. 1 l verflüssigter Kohlensäure gibt 462 l gasförmige Kohlensäure. Die Kohlensäure ist in Wasser beträchtlich löslich. Bei Atmosphärendruck und Zimmertemperatur löst sich in 1 Vol. Wasser 1 Vol. und bei 0° lösen sich 2 Vol. CO_2; die wässerige Lösung reagiert sauer. Eingeatmet wirkt die Kohlensäure bei größeren Mengen giftig, sie verursacht Schwindel, Schläfrigkeit, Bewußtlosigkeit und schließlich Erstickungstod. Ein Gehalt der Luft von mehr als 5% Kohlensäure wirkt schon sehr merklich in diesem Sinne, doch verschwinden die Erscheinungen schnell,

[1]) Glückauf **1926**, S. 1641.

sobald frische Luft zugeführt wird, und zwar aus dem einfachen Grunde, weil der Organismus als normales Stoffwechselprodukt Kohlensäure entwickelt (ein erwachsener Mensch gegen 6 g in 10 Minuten) und demgemäß auf die rechtzeitige Entfernung dieses Giftes durch die Atmung eingerichtet ist.

Das Kohlenoxyd (Kohlenmonoxyd, CO) ist kein Bestandteil der atmosphärischen Luft. Es ist ein farb-, geruch- und geschmackloses Gas, welches angezündet mit schöner blauer Flamme zu Kohlensäure verbrennt. Es bildet sich hauptsächlich bei der Reduktion der Kohlensäure durch glühenden Kohlenstoff. Hierbei findet die Reaktion $CO_2 + C \rightleftarrows 2\,CO$ statt, die umkehrbar ist[1]). Das Kohlenoxyd vereinigt sich mit Sauerstoff nur dann, wenn Feuchtigkeit zugegen ist. Ein trockenes Gemenge läßt sich durch einen elektrischen Funken nicht zur Explosion bringen[2]). Dixon und Coward[3]) fanden für Kohlenoxyd feucht und mit Sauerstoff gemischt eine Entzündungstemperatur von 637—658° und mit Luft gemischt eine Entzündungstemperatur von 644—658°.. Die untere Explosionsgrenze beträgt nach Eitner[4]) 16,5%, die obere 75%; Kohlenoxyd hat demnach einen sehr großen Explosionsbereich. Die Explosionswirkung eines Kohlenoxyd - Luftgemisches ist viel geringer als die eines Methan-Luftgemisches, weil die Fortpflanzungsgeschwindigkeit der Explosionswelle eine bedeutend kleinere ist. Unter Tage entsteht das Kohlenoxyd immer durch eine bei höherer Temperatur verlaufende unvollständige Verbrennung. Bei Grubenbränden hat man Gehalte bis zu 3% festgestellt. Da das bei den Bränden sich bildende Kohlenoxyd der Menge und Zeit nach unbeschränkt ist, kann das Kohlenoxyd durch Klüfte, den Versatz usw., ganz unvermutet an entfernten Stellen auftreten.

Zu der Frage, ob Kohlenoxyd in brandgasfreien Wettern vorkommt, sind im Schrifttum einige Hinweise zu finden. Küppers[5]) untersuchte zahlreiche Wetterproben, die aus Abbau-

---

[1]) Boudouard, Compt. rend. **1899**, S. 824.
[2]) Dixon, Journ. Chem. Soc. **1889**, S. 49.
[3]) Journ. Chem. Soc. **1909**, S. 514.
[4]) Gas- u. Wasserfach **1902**, S. 1.
[5]) Gluckauf **1918**, S. 530.

betrieben einer Reihe von Flözen des Ruhrgebiets in der Nähe des Kohlenstoßes entnommen worden waren, konnte aber in keiner Probe Kohlenoxyd nachweisen. Daraus folgerte er für die Flöze des rheinisch-westfälischen Kohlengebiets, daß sich bei der Oxydation der Kohle unter normalen Temperaturen niemals Kohlenoxyd bildet. Mahler[1]) hingegen berichtete schon 1910, daß die Wetter der Steinkohlengruben des Pas de Calais bis zu 0,004%, im Mittel 0,002% Kohlenoxyd enthielten. Charpy und Godchot[2]) bestätigen diese Ergebnisse. Haldane, Graham[3]) u. a. wiesen das Vorhandensein von Kohlenoxyd in Wettern aus Abbaubetrieben englischer Gruben nach, und es wurde im englischen Bergbau aus dem Kohlenoxydgehalt der Wetter eine Kennziffer für die Beurteilung der Oxydationsverhältnisse in den Grubenbauen und für die frühzeitige Erkennung einer Selbstentzündung der Kohle errechnet[4]). Nach den neuesten Feststellungen von H. Sanders[5]) können auch die Abwetter von Abbaubetrieben westfälischer Gruben bei starker Bewetterung in wärmeren Grubenbauen, in denen infolge starker Feuchtigkeitsaufnahme der Wetter die der Luft ausgesetzte Kohle meist trocken ist, einen geringeren Gehalt an Kohlensäure und anderseits feststellbare Mengen Kohlenoxyd aufweisen, während umgekehrt bei feuchtem und schwachem Wetterstrom eine starke Kohlensäureentwicklung bei geringerem oder fehlendem Kohlenoxydgehalt zu beobachten ist. Hiermit läßt sich auch die von Morgan[6]) gemachte Beobachtung, wonach der Kohlenoxydgehalt der Wetter am Kohlenstoß größer ist als im Alten Mann, in Einklang bringen.

Die Giftwirkung des Kohlenoxyds beruht auf der Bildung von Kohlenoxydhämoglobin. Kohlenoxyd ist sonst physiologisch indifferent, bis auf diese Reaktion mit dem Hämoglobin des Blutes. Für Tiere ohne Hämoglobin, z. B. Insekten, ist Kohlenoxyd ungiftig. Kanarienvögel und weiße Mäuse, die in

[1]) Compt. rend. Acad. Sciences **1910**, S. 1921 und **1910**, S. 645.

[2]) Compt. rend. Acad. Sciences **1916**, S. 745.

[3]) Trans. Instn. Min. Engr. **1898/99**, S. 457; **1920/21**, S. 222; **1925/26**, S. 1 und **1926/27**, S. 334.

[4]) Glückauf **1931**, S. 401; Bergbau **1936**, S. 415.

[5]) Glückauf **1938**, S. 931.

[6]) Trans. Instn. Min. Engr. **1925/26**, S. 1.

brandgasgefahrdeten Strecken als Kohlenoxyd-Anzeiger vielfach verwendet werden, zeigen bei 0,10 Vol.-% CO deutliche Vergiftung, bei 0,16 Vol-.% CO Atemnot und Schwache. Kohlenoxyd verdrängt also den Sauerstoff aus dem Blute. Da seine Affinität zum Hämoglobin etwa 300mal größer ist als zum Sauerstoff, schadet das Kohlenoxyd auch in sehr verdünnten Mengen und läßt sich daher nur sehr langsam wieder aus dem Blute entfernen. Die Giftigkeit des Kohlenoxyds für den Menschen ist nach Henderson-Haggard[1])

0,01	Vol.-%	Einige Stunden lang erträglich.
0,04—0,05	„	1 Stunde ohne wahrnehmbare Wirkung atembar.
0,06—0,07	„	Nach 1stündiger Einwirkung eben erkennbare Wirkung.
0,10—0,12	„	Nach 1stündiger Einwirkung unangenehme, aber nicht gefährliche Symptome.
0,15—0,20	„	Nach 1stündiger Einwirkung gefährlich.
0,4 u. mehr	„	In weniger als 1 Stunde tödlich.

Das Methan oder Grubengas (CH_4) ist in überwiegendem Maße auf primärer Lagerstätte entstanden und findet sich in chemisch ungebundener Form unter hohen Drücken in den Haarrissen und Klüften der Kohle sowie in den Poren und Spalten des Nebengesteins oder ist durch Adsorption an die Kohle gebunden. Peters und Warnecke[2]) haben durch eingehende Versuche festgestellt, daß Gaskohlen ihr Flözgas, d. h. das Gas, das in der Kohle als solches vorgebildet enthalten ist, schneller verlieren als Fettkohlen und diese wieder schneller als Magerkohlen und daß das Flözgas in den Kohlen im allgemeinen desto fester gebunden ist, je mehr sie davon enthalten. Bei den Gefügebestandteilen nimmt die Ausgasungsgeschwindigkeit von der Glanzkohle über die Mattkohle zur Faserkohle zu. Nach dem Austreten aus der Kohle hat das Methan die Neigung, nach oben zu steigen und sich an den Decken und Klüften der Grubengange anzusammeln, denn es

[1]) Flury und Zernik, Schadliche Gase, Berlin **1931**, S. 209.

[2]) Physikalische und chemische Untersuchungen über Flozgase Gluckauf **1933**, S. 1181.

ist im Verhältnis seines Molekulargewichts = 16 zu dem durchschnittlichen Molekulargewicht der Luft = 29 leichter als diese, nämlich 29 : 16 = 1,8mal. Daher ist mit einer gleichmäßigen Mischung des Methans mit der Luft in der Grube nicht zu rechnen.

Das Methan gehört zu den gefährlichsten Gasen. Nach Coward liegt die untere Zündgrenze von Methan-Luftgemischen bei 5,3% Methan, die obere bei 14,8% Methan. Die untere Grenze der partiellen Verbrennlichkeit beginnt bei etwa 2% Methan. Durch die Anwesenheit von Kohlenstaub wird die untere Zündgrenze bis auf 3—4% Methan erniedrigt und die Ausbreitungsgeschwindigkeit der Flamme erhöht. Am entzündlichsten ist ein Methan-Luftgemisch mit 9,5% Methan[1]), weil bei diesem Mischungsverhältnis gerade soviel Sauerstoff vorhanden ist, daß die Schlagwetter vollständig zu Kohlensäure und Wasser verbrennen, nämlich 2 Vol. Sauerstoff oder 10 Vol. Luft, welche 2 Vol. Sauerstoff entsprechen[2]). Dabei entstehen die höchsten Explosionsdrucke und -temperaturen. Bei 9,5% Methan errechnet man die Flammentemperatur auf 2080° C, bei 6 oder 14% Methan beträgt dieselbe aber nur etwa 1500° C[3]). Der höchste Druck, welcher durch die Explosion von Methan entstehen kann, beträgt nach Mallard und Le Chatelier[4]) 6,5 Atm. Wie bei anderen explosiblen Gemischen ist auch bei Methan die Temperatur, bei welcher dasselbe zur Entzündung gebracht wird, weit niedriger als die Temperatur der durch die Verbrennung gebildeten Gase, weil die Verbrennungsgase des ersten angezündeten Gasteilchens erst soviel Wärme an das benachbarte zweite abgeben müssen als nötig ist, um dieses von der Grubentemperatur auf die Ent-

[1]) Nach Winter liegt das Maximum der Explosion nicht bei 9,5% Methan, sondern bei 9,2% des reinen Methan-Luftgemisches. (Brennstoff-Chemie **1920**, S. 22.)

[2]) Der Luftbedarf zur Verbrennung von 1 Volumen Methan beträgt genau 9,57 Volumen. Da in 100 Volumen Luft neben 20,9 Vulumen Sauerstoff 79,1 Volumen Stickstoff (samt Edelgasen) enthalten sind, entsprechen 1 Volumen Sauerstoff 3,785 Volumen Stickstoff; $2 \times 3{,}785 = 7{,}57$ Volumen N_2 + 2 Volumen O_2 = 9,57 Volumen Luft.

[3]) Rechtenwald, Schlagende Wetter. Sonderabdruck aus der „Berg- und hüttenmännischen Rundschau", Kattowitz **1913**.

[4]) Ann. d mines **1883**, S. 274.

zündung zu bringen. Versuche von Mallard und Le Chatelier[1]) haben gezeigt, daß das Methan-Luftgemisch nicht unmittelbar entflammt, wenn es auf die Entzündungstemperatur (etwa 650° C) gebracht ist, sondern daß es eine gewisse Zeit auf dieser Temperatur gehalten werden muß. Die Verzögerung der Entzündung dauert bei 650° C bis zu 10 Sekunden. Sie wird durch Anwesenheit inerter Gase größer, aber bei steigender Temperatur kleiner.

Bei mehr als 1% Methan in der Grubenluft zeigt die Sicherheitslampe über dem Benzinflämmchen eine bläuliche Haube. Mit zunehmendem Methangehalt dehnt sich die Haube aus, bis sie das Drahtnetz erreicht hat. Dieses kühlt durch Wärmeleitung die innere Flamme so stark ab, daß das äußere Gasgemisch nicht mehr entzündet wird. Erst dann, wenn das Drahtnetz glühend geworden ist, schlägt die Flamme durch, doch erlischt infolge des Mangels an zutretendem Sauerstoff die innere Flamme meist vorher schon von selbst, besonders wenn sie kleiner gedreht wird. Die meisten brennenden Stoffe erlöschen nämlich in der Luft schon, wenn der Sauerstoffgehalt auf etwa 15% gesunken ist.

Die Frischluft ist atmosphärische Luft, d. h. ein Gemenge zweier Gase — nämlich eines die Verbrennung unterhaltenden (Sauerstoff) und eines die Verbrennung nicht unterhaltenden Gases (Stickstoff). Die mittlere Zusammensetzung trockener, reiner Luft ist nach neueren Analysen folgende[2]):

	Vol.-%	Gew.-%
Stickstoff	78,08	75,46
Sauerstoff	20,95	23,19
Edelgase	0,94	1,30
Kohlendioxyd	0,03	0,05

Der Sauerstoff (O_2) besitzt die Fähigkeit, sich mit zahlreichen Stoffen unter Licht- und Wärmeentwicklung zu verbinden. Auf dieser Umsetzung — Oxydation — beruht der Vorgang der Verbrennung. In Luft sind die Verbrennungserscheinungen nicht so lebhaft wie in Sauerstoff, da der Stickstoff als Bal-

[1]) Ann. d. mines 1883, S. 274.

[2]) Holleman-Wiberg, Anorganische Chemie. Berlin **1943**, S. 69.

last wirkt und einen Teil der Verbrennungswärme zu seiner Erwärmung verbraucht. Zahlreiche Oxydationsvorgänge verlaufen sehr langsam und ohne sinnfällige Begleiterscheinungen. Man nennt sie „stille Verbrennungen" — Autoxydationen. Hierzu gehört die Selbstentzündung der Kohle, auf die die meisten Grubenbrände zurückzuführen sind. Die Luft enthält nach den heutigen Kenntnissen folgende Mengen an Edelgasen:

Helium	He	0,00046 Vol.-%
Neon	Ne	0,00161 „
Argon	Ar	0,9325 „
Krypton	Kr	0,000108 „
Xenon	X	0,000008 „

Von diesen ist das Helium das wichtigste Edelgas. Peters und Warnecke[1]) ermittelten in Flözgasen der Grube Mathias Stinnes (Ruhrgebiet) 0,00083% Helium, bei der Rubengrube (N.-S.) 0,00070% und bei der Hohenzollerngrube (O.-S.) 0,00043% Helium. Nach Moureu[2]) kommen sämtliche Edelgase in schlagenden Wettern vor. Das Verhältnis He : N ist stark wechselnd und stets größer als in Luft, während das Verhältnis Kr : X Ar : N ungefähr konstant und nicht sehr von dem atmosphärischen verschieden ist. Diese Tatsache wird dahin gedeutet, daß He durch den radioaktiven Zerfall gebildet wird, während Ne, Ar, Kr, X aus der Atmosphäre stammen bzw. beim Erstarrungsprozeß der Erdrinde von den erstarrenden Massen okkludiert worden sind. Die Edelgasgehalte werden durch folgende Tabelle wiedergegeben:

Ort des Vorkommens	Gehalt in Vol. %					Tagesertrag von He in m³
	CO_2	brennb. Gase	N_2	He + Spuren Ne	Ar + Spuren (Kr+X)	
Liévin	0,5	97,03	2,41	0,013	0,04	—
Lens	—	98,15	1,81	0,0003	0,0367	—
Mons	Spuren	99,60	0,317	0,050	0,003	—
Anzin	0,16	97,92	1,854	0,044	0,021	12
Frankenholz . .	2,80	95,09	2,06	0,027	0,021	10

[1]) Glückauf **1933**, S. 1181.

[2]) „Edelgase" von R. J. Meyer in Gmelins Handbuch der anorg. Chem. 8. Aufl., Berlin **1926**.

Das Institut für Erdolgeologie an der Geologischen Landesanstalt Berlin untersuchte im Jahre 1938 die ausziehenden Wetter der Steinkohlengrube Königin Elisabeth (R.-G.) auf Helium und stellte einen Gehalt von 0,001 Vol.-% fest, d. h. in den ausziehenden Wettern sind je cbm 10 ccm He enthalten. Czako[1]) gibt die Zusammensetzung eines Methangases der Zeche „Gneisenau" (R.-G.) wie folgt an:

CH_4	:	76,26 %
CO_2	:	0,89 %
CO	:	—
H_2	:	—
O_2	:	3,14 %
N_2	:	19,74 %
Ar	:	—
He	:	0,0067 %

Schenk und Kurzen[2]) analysierten einen Methanbläser der Zeche „Ewald-Fortsetzung IV/V" (R.-G.) und ermittelten folgende Zusammensetzung:

CH_4	:	74,40 %
CO_2	:	1,26 %
CO	:	—
H_2	:	1,15 %
O_2	:	1,79 %
N_2	:	20,88 %
Ar	:	0,30 %
He	:	0,22 %

Auffallend an diesem Gase ist der hohe Gehalt an Helium und Argon und ein Gehalt an Wasserstoff, den man bei Methanbläsern selten beobachtet.

Der Stickstoff (N_2) ist ein farb-, geruch- und geschmackloses Gas. Das Litergewicht beträgt bei 0° und 760 mm Druck 1,2505 g, ist also geringer als das der Luft (1,2928 g/l), welche ja noch den schweren Sauerstoff (1,4289 g/l) enthält. 1 l Luftstickstoff, also edelgashaltiger Stickstoff, wiegt 1,2567 g. Wie Sauerstoff

[1]) Ztschr. anorg. Chem. **1913**, S. 249.

[2]) Petroleum **30**, Nr. 5, S. 1—8; Nr. 9, S. 1—10.

läßt sich auch Stickstoff schwer kondensieren. In Wasser ist Stickstoff nur halb so löslich wie Sauerstoff: 1 l Wasser von 0° löst 23 cm³ Stickstoff gegenüber 49 cm³ Sauerstoff. Diese größere Wasserlöslichkeit des Sauerstoffs ist von Wichtigkeit für die Atmung der Lebewesen im Wasser.

Von untergeordneter Bedeutung ist der in Kohlenbergwerken durch Zersetzung von schwefelhaltigen Substanzen sich bildende giftige Schwefelwasserstoff (H_2S), dessen Menge aber so gering ist, daß er kaum eine Gefahr für die Gesundheit der Belegschaft bedeutet. Er verrät sich durch seinen charakteristischen Geruch nach faulen Eiern. Der Schwefelwasserstoff verbrennt bei Luftüberschuß mit fahlblauer Flamme zu Schwefeldioxyd (SO_2) und Wasserdampf. Ersterer ist ebenfalls durch seinen charakteristischen stechenden Geruch leicht erkennbar.

II. Allgemeines über Grubenbrandgase

Die meisten Brände entstehen durch Selbstentzündung der Kohle im Alten Mann, in Strecken und im Versatz. Welche Kohlenbestandteile als Ursache für die Oxydation und Selbstentzündung der Kohlen in Frage kommen, ist chemisch noch nicht einwandfrei festgestellt. Sie ist eine Folge der Einwirkung des atmosphärischen Sauerstoffs, und zwar greifen bei diesem Vorgang physikalische und chemische Reaktionen ineinander. Bei einer Temperatur bis zu 50° C erfährt der Sauerstoff eine physikalische Einwirkung, indem er durch Flächenanziehung in der Kohle verdichtet, d. h. adsorbiert wird. Übersteigt die Temperatur 50° C, dann erfolgt chemische Bindung, d. h. Absorption. Mit steigender Temperatur nimmt diese Absorption zu, bis der Sättigungspunkt erreicht ist. Die mit Sauerstoff beladenen Kohlen geben bei gelindem Erhitzen Kohlensäure, Kohlenoxyd und Wasser, bei höherer Temperatur Kohlenwasserstoffe und Huminsäuren ab.

Als Erklärung für die Oxydationserscheinungen bei der Kohle nehmen Stopes und Wheeler[1]) an, daß sich Kohlenstoff-Sauerstoff-Komplexe bilden, die bei höherer Tempe-

[1]) Fuel **1923**, S. 122, 128, 132; Brennstoff-Chemie **1924**, S 25.

ratur zersetzt werden. Sie fassen diese Komplexe nicht als ein Oxyd des Kohlenstoffs auf, sondern als eine Addition von Kohlenstoffverbindungen und Sauerstoff. Tideswell und Wheeler[1]) drücken den Autoxydationsvorgang der Kohle durch folgendes Schema aus:

Kohle + Sauerstoff ⟶ Kohle + Sauerstoff (adsorbiert)
⟶ Kohle + Sauerstoff (Komplex) ⟶ oxydierte Kohle
⟶ Kohlenstoffoxyde (CO, CO_2) + Wasser.

Die letzte Phase der Reaktion, die bei niedriger Temperatur unvollständig ist, verläuft bei etwa 200° C vollständig.

Die von Drakeley[2]), Parr und Hilgard[3]) u. a. vertretene Anschauung, daß die Selbsterhitzung der Kohlen auf einer Pyritoxydation beruhe, haben schon Dennstedt und Bünz[4]) im Jahre 1908 als unzutreffend widerlegt. Neuerdings hat Ferrari[5]) auf kohlenpetrographischer Grundlage gezeigt, daß der Pyrit nicht die primäre Ursache von Grubenbränden sein kann, denn er war selbst an Stellen, wo eine weitgehende Oxydation des Vitrits auftrat, nicht angegriffen. Die von Ferrari besprochenen Brände werden auf Anhäufungen von Glanzkohle, d. h. von Vitrit und Clarit, im Versatz zurückgeführt, die durch Erhitzung bei der Oxydation den Brand eingeleitet haben.

Bei der Entstehung und Entwicklung eines Grubenbrandes spielen sich zwischen dem Kohlenstoff, Wasserstoff und Sauerstoff, den Hauptelementen der Kohle, und der groben und hygroskopischen Feuchtigkeit der Kohle Vorgänge ab, die zur Bildung des Wassergasgleichgewichtes führen[6]). Bei vollständiger Verbrennung des Kohlenstoffs bildet sich Kohlendioxyd gemaß der Gleichung $C + O_2 = CO_2 + 97200$ kcal, während bei unvollkommener Verbrennung Kohlenoxyd entsteht: $C + {}^1/_2 O_2 = CO + 29200$ kcal. Das Kohlenoxyd kann aber bei genügender Anwesenheit von Sauerstoff noch zu Kohlendioxyd gemäß

1) J. Chem. Soc. **1925**, S. 125; Brennstoff-Chemie **1925**, S. 195.
2) J. Soc. Chem. Ind. **1916**, S. 723.
3) Fuel **1925**, S. 492.
4) Z angew. Chem. **1908**, S. 1828, 1833 u. 1835.
5) Glückauf **1938**, S. 765.
6) Winter, Glückauf **1941**, S. 742.

der Umsetzung $CO + \frac{1}{2}O_2 = CO_2 + 68000$ kcal verbrennen. Anderseits wird das CO_2 bei Gegenwart von glühendem Kohlenstoff in endothermischer Reaktion zu CO reduziert: $CO_2 + C = 2\,CO - 68000$ kcal. Bei genügend hoher Temperatur des Kohlenstoffs und hinreichend langer Berührung des CO_2 mit ihm verläuft diese Umsetzung quantitativ, andernfalls stellt sich ein chemisches Gleichgewicht ein: $CO_2 + C \rightleftarrows 2\,CO$. Der Wasserstoff verbrennt mit Sauerstoff zu Wasser nach der Gleichung: $2\,H_2 + O_2 = 2\,H_2O + 68400$ kcal (bzw. 57600 kcal) bei der Bildung flüssigen (bzw. dampfförmigen) Wassers. Der Wasserstoff setzt sich je nach seiner Menge mit glühendem Kohlenstoff nach folgenden Gleichungen um: $C + H_2O = CO + H_2 - 1267$ kcal und $C + 2\,H_2O = CO_2 + H_2 - 803$ kcal. Da auch diese Vorgänge umkehrbar sind, folgt daraus, daß die einzelnen Bestandteile zur Einstellung des Wassergasgleichgewichts neigen: $CO + H_2O \rightleftarrows CO_2 + H_2$, wobei Temperaturerhöhung die Umsetzung im Sinne der Reaktion von rechts nach links begünstigt. Es ist ferner verständlich, daß außer der Temperatur für die Einstellung dieses Gleichgewichts auch andere Bedingungen, wie Druck, Zeit und Konzentration der Einzelbestandteile, von maßgebender Bedeutung sind.

Die Brandgase enthalten fast immer Methan, dessen Menge gelegentlich bedeutende Werte erreicht. Die Annahme, daß das Methan hier wohl nicht nur Ausströmungen noch unverbrannter Kohle des Brandfeldes entstammt, erscheint als durchaus berechtigt. Der im Anfangsstadium eines Brandes aus der Schwelung bzw. Verkokung der Kohle frei werdende Wasserstoff setzt sich mit dem glühenden Kohlenstoff nach der Gleichung $C + 2\,H_2 = CH_4$ um; Kohlendioxyd reagiert mit Wasserstoff nach $CO_2 + 4\,H_2 = CH_4 + 2\,H_2O$ und Kohlenoxyd damit nach $CO + 3\,H_2 = CH_4 + H_2O$.

Je nach dem Stadium, in dem sich der Brand befindet, sind die Brandgase in ihrer Zusammensetzung verschieden. Solange die entzündete Kohle noch nicht zur Entflammung gekommen ist, haben die austretenden Brandgase schwelgasartige Beschaffenheit. Kohlensäure ist nur beschränkt vorhanden. Im Verbrennungsabschnitt, der solange dauert, wie die Sauerstoffzufuhr ungehindert vor sich geht, wird der Gehalt an Kohlensäure größer. Nach Abdämmung des Brandes, also nach

Unterbindung der Sauerstoffzufuhr (Erlöschungsabschnitt), reichern sich die Brandgase mehr und mehr mit Kohlensäure an, Sauerstoff und brennbare Gase gehen zurück. Kohlensäure und Sauerstoff stehen hier gewissermaßen in unmittelbarem Abhängigkeitsverhältnis. Je höher der Gehalt an Kohlensäure, desto niedriger ist der Gehalt an Sauerstoff. Als allgemeingültiges Gesetz ist jedoch dieser Satz nicht zu werten, da die örtlichen Verhältnisse hierbei eine große Rolle spielen.

Wann ein Grubenbrand als erloschen zu betrachten ist, läßt sich schwer feststellen. Der Hauptbericht der Oberschlesischen Grubenbrandkommission[1]) wählte als Ausgangspunkt für die Beurteilung das Verhältnis der Kohlensäure zum Sauerstoff der Brandgase. Der Ausschußbericht sagt hierüber: „In der Regel wird angenommen, daß schon bei einem Gehalt von 5—6% Kohlensäure und gleichzeitig entsprechend geringem Sauerstoffgehalt der Brand erstickt ist, vorausgesetzt, daß die Temperatur nicht über normal ist.“ Wein[2]), dem wir eine umfangreiche Studie über die chemische Zusammensetzung der Grubenbrandgase verdanken, folgerte aus den Analysen von 82 verschiedenen Brandgasen, daß die Auffassung der Kommission nur dann richtig ist, wenn die Brandgase nicht größere Mengen (mehr als 1%) brennbare Bestandteile enthalten.

In England ist es üblich, die Brandgasanalysen nach sog. Kennziffernwerten zu beurteilen[3]).

Es ist:

$$1.\ \text{Kennziffer A} = \frac{\text{Gebildete Menge Kohlenoxyd}}{\text{Absorbierte Menge Sauerstoff}} \cdot 100$$

$$2.\ \text{Kennziffer B} = \frac{\text{Gebildete Menge Kohlensäure}}{\text{Absorbierte Menge Sauerstoff}} \cdot 100$$

$$3.\ \text{Kennziffer C} = \frac{\text{Gebildete Menge Kohlenoxyd}}{\text{Gebildete Menge Kohlensäure}} \cdot 100$$

Um die durch die Verbrennung absorbierte Menge Sauerstoff zu erhalten, wird zunächst der Sauerstoffprozentsatz er-

---

1) Z. Oberschl. V. **1910**, S. 387.
2) Glückauf **1921**, S. 653 u. 687.
3) Bergbau **1936**, S 415.

mittelt, der dem bei der Analyse gefundenen Stickstoffgehalt entspricht, wobei der Stickstoffgehalt der atmosphärischen Luft mit 79,04% und der Sauerstoffgehalt mit 20,93% angenommen werden. Es ist dann der ermittelte Sauerstoff

$$= \frac{\text{gef. N} \cdot 20{,}93}{79{,}04}$$

Durch Subtraktion des ermittelten Sauerstoffs von dem gefundenen Sauerstoff erhält man den absorbierten Sauerstoffprozentsatz. Dieser Sauerstoffprozentsatz wird nun zur Errechnung der Kennziffern A und B verwandt. Bei der Errechnung der Kennziffer C werden lediglich der Kohlenoxydwert und der Kohlensäurewert der Analyse gegenübergestellt. Von den drei Kennziffern hat die Kennziffer A für die Beurteilung des Brandverlaufs den größten Wert. Zunehmende Kennziffernwerte zeigen Zunahme und weitere Ausdehnung des Brandes und Abnahme der Kennziffernwerte Erfolg der Abdämmungsmaßnahmen. Bei einem offenen Grubenbrand bewegen sich beispielsweise die Kennziffern A und C zwischen 18 und 30 und die Kennziffer B liegt über 80. Bei einem durch Selbstentzündung entstandenen Flözbrand liegt die Kennziffer A anfangs zwischen 15 und 20 und muß dann nach erfolgreicher Abdämmung auf 0 zurückgehen. Erst dann ist mit dem Erlöschen des Brandes zu rechnen[1]).

Was die Explosion von Grubenbrandgasen anbelangt, so hat man schon von verschiedenen Seiten zu diesem wichtigen Problem Stellung genommen. In Oberschlesien, wo die Kohle, besonders die der Sattelflözgruppe, mehr zu Grubenbrand neigt als die vieler anderer Bezirke[2]) und wo sich früher häufig Explosionen von Brandfeldern ereignet haben, weil die umfangreichen Grubenräume und die dadurch bedingten größern Sauerstoffmengen zur Bildung explosiver Gemische führten[3]), hat man schon frühzeitig die Frage erörtert, ob Brandgas-

[1]) Privatmitteilung von Herrn Dipl.-Berging. Bredenbruch, Hauptstelle für Grubenrettungswesen, Essen.

[2]) Fleischer, Glückauf **1937**, S. 131.

[3]) Knochenhauer, Die Bildung des Kohlenoxyds beim Grubenbrand und die Explosion von Grubenbrandgasen, Berg- und hüttenmänn. Rdsch., Kattowitz **1910/11**, S. 73.

explosionen auf Kohlenoxydexplosionen zurückzuführen seien. Man gelangte aber bald zu dem Ergebnis, daß die Brandgasexplosionen durch die Entzündung anderer brennbarer Gase verursacht werden, und zwar in erster Linie durch Entzündung des Methans. Beyling[1]) ermittelte nach der Gleichung von Le Chatelier[2]) die untere und die obere Zündgrenze verschiedener Gemische von Methan und Kohlenoxyd wie folgt:

Brandgase mit einem Gehalt an brennbaren Gasen		Explosionsbereich der Brandgase
CH_4 %	CO %	%
100	0	5,5—13,5
90	10	5,9—14,7
50	50	8,0—23,0
10	90	12,8—52,4
0	100	15,0—77,0

Danach wurde ein Brandgas-Luftgemisch, dessen brennbare Gase zu 90% aus Methan und zu 10% aus Kohlenoxyd bestehen, nicht mehr explosiv sein, wenn der Gehalt an brennbaren Gasen weniger als 5,9 und mehr als 14,7% beträgt. Bei diesem Gehalt würde an der unteren Grenze 5,31% CH_4 und 0,59% CO und an der oberen Grenze 13,23% CH_4 und 1,47% CO vorhanden sein. Bei einem Mischungsverhältnis zu gleichen Teilen, bei dem die Explosionsgrenze zwischen 8 und 23% schwankt, würde die untere Grenze 4% CH_4 und 4% CO, die obere Grenze 11,5% CH_4 und 11,5% CO ausweisen. Beyling schließt seine Betrachtungen mit den Worten: „Es erübrigt sich, weitere Mischungsverhältnisse auszurechnen, denn die Annahme eines Kohlenoxydgehalts von 11,5% in Brandwettern gehört mindestens schon in den Bereich des Unwahrschein-

[1]) Z. Oberschl. V. **1919**, S. 419.

[2]) $L = \dfrac{100}{\dfrac{a}{A} + \dfrac{b}{B} + \dfrac{c}{C} \ldots}$ L = Zündgrenze des Gemisches.
a, b, c ... = prozentuale Mengen der Gasbestandteile.
A, B, C .. = die zugehörigen Zundgrenzen in %.

lichen, und keine einzige analytische Untersuchung hat auch nur annähernd so hohe Gehalte ergeben."

Die Brandgase eingedämmter Brandfelder stellen ein Gemisch von Methan, Kohlenoxyd, Sauerstoff, Kohlensäure und Stickstoff dar, Kohlensäure und Stickstoff sind sog. Inertgase, die sich an der Umsetzung nicht beteiligen. Ein Brandgas ist entzündlich, wenn der Methangehalt im Bereiche des Luftüberschusses 5,3—14,8 Vol.-% beträgt. Bekanntlich üben die Inertgase Kohlensäure und Stickstoff eine Schutzwirkung aus und setzen den Explosionsbereich herab. Dies lehren die Untersuchungen von Terres[1]), Payman[2]), Burgeß und Wheeler[3]) für Stickstoff sowie von Bunte und Roszkowski[4]) und von Eitner[5]) für Kohlensäure. Für den Bergmann ist es aber wichtig zu wissen, mit welchen zulässig höchsten Inertgasgehalten bzw. geringstem Sauerstoffgehalt er rechnen darf, wenn er an Hand der Analyse beurteilen soll, ob das Brandgas entzündlich ist oder nicht. Im Gebiete des Luftunterschusses bzw. Sauerstoffmangels sind die Eigenschaften der Gase wesentlich andere und die Vorgänge verwickelter. So verläuft die Zündgeschwindigkeit reiner brennbarer Gase innerhalb des Zündbereichs mit zunehmendem Brennstoffgehalt über einen Höchstwert, von dem aus sie infolge Sauerstoffmangels stetig abnimmt. Dieser Höchstwert liegt stets bei Gemischen mit Luftmangel und nicht, wie angenommen werden könnte, beim theoretischen Gemisch, das gerade die zur vollkommenen Verbrennung erforderliche Sauerstoffmenge enthält. Es ist noch nicht möglich gewesen, diese Verschiebung des Gemisches höchster Zündgeschwindigkeit in befriedigender Weise zu erklären. Sie tritt ebenso bei Bestimmung der Zündgeschwindigkeit in geschlossenen Gefäßen wie auch in strömenden Gasen auf und kann daher nicht dem Meßverfahren zur Last gelegt werden. Da die meisten Grubenbrandgase im Verbrennungsabschnitt Zusammensetzungen aufweisen, die im

[1]) Gas- u. Wasserfach **1920**, S. 785.
[2]) J. Chem. Soc. London **1919**, S. 1436.
[3]) J. Chem. Soc. London **1911**, S. 2013.
[4]) Gas- u. Wasserfach **1890**, S. 491.
[5]) Gas- u. Wasserfach **1902**, S. 1.

Gebiete des Luftmangels liegen, hat Kattwinkel[1]) den Einfluß von Kohlensäure und Stickstoff an Methanluftgemischen durch Explosionsanalysen nach dem statischen Verfahren[2]) nachgeprüft und folgende Werte erhalten (Zahlentafel 1 und 2).

Zahlentafel 1. Wirkung der Kohlensäure als Inertgas

CH_4 Vol.-%	CO_2 Vol.-%	O_2 Vol.-%	+ N_2 Vol.-%	= Luft Vol.-%
6,0	6,0	18,49	69,51	88,0
7,0	17,5	15,85	59,64	75,5
8,0	19,0	15,34	57,66	73,0
9,5	15,0	15,86	59,64	75,5
11,0	8,0	17,02	63,98	81,0
13,0	0,0	18,28	68,72	87,0

Zahlentafel 2. Wirkung des Stickstoffs als Inertgas

CH_4 Vol.-%	N_2 Vol.-%	O_2 Vol.-%	+ N_2 Vol.-%	= Luft Vol.-%
6,0	16,5	16,28	61,22	77,5
7,0	29,0	13,44	50,56	64,0
8,0	23,5	14,39	54,11	68,5
9,5	17,0	15,44	58,06	73,5
11,0	9,0	16,80	63,20	80,0
12,5	1,5	18,07	67,93	86,0

Aus vorstehenden Versuchen lassen sich mehrere Schlüsse ziehen, die für die Beurteilung der Grubenbrandgase von Bedeutung sind. Bekanntlich ist die Explosion reiner Methan-Luftgemische bei 9,5% Methan am stärksten. Broockmann[3]) hat auf die wenig bekannte Tatsache aufmerksam gemacht, daß Methan-Luftgemische mit 7—8% CH_4 weit leichter zündbar sind als solche mit 9,5% CH_4. Die Versuche von

[1]) Glückauf **1939**, S. 302.
[2]) Hempelsche Explosionspipette.
[3]) Sammelwerk Bd. **6**, S. 47.

Kättwinkel bestätigen dies nicht nur, sondern zeigen darüber hinaus, daß die 7- und 8%igen Methan-Luftgemische höhere Zusätze an inerten Gasen aufnehmen als Methan-Luftgemische mit 9,5% CH_4. Während die Gemische mit 7 und 8% CH_4 bis zum Aufhören ihrer Explosionsfähigkeit 17,5% CO_2 und 29% N_2 bzw. 19% CO_2 und 25,5% N_2 benötigen, liegt die Zündgrenze eines 9,5%igen Methan-Luftgemisches bei 15% CO_2 und 17% N_2. Der Reaktionsmechanismus einer Verbrennung ist, selbst bei einfachen Gasen, ein vielseitiger Vorgang, der die Summe zahlreicher endothermer und exothermer Einzelreaktionen darstellt, von denen die exothermen vorherrschen. Ist der Luftbedarf des Methans vollständig gedeckt, d. h. kommen auf 1 Volumen Methan 10 Volumen Luft, so ist die Möglichkeit einer vollständigen Verbrennung zu Kohlensäure und Wasser vorhanden:

$$CH_4 + O_2 = CO_2 + 2\,H_2O\,.$$

Bei 6% Methan ist die Luft noch im Überschuß, während bei 7% Methan das Gebiet des Luftunterschusses beginnt. Hier sind die Vorgänge außerordentlich verwickelt. Unter bestimmten Voraussetzungen lassen sich beständige Zwischenerzeugnisse isolieren. Wie aus den Arbeiten der Boneschen Schule[1]) über die Verbrennung der Kohlenwasserstoffe hervorgeht, sind diese Zwischenprodukte organischer Natur, im Falle des Methans Methylalkohol, Formaldehyd und Ameisensäure. Dazu kommt, daß der bei der Entzündung sich bildende Wasserdampf ebenfalls inertisierend wirkt. Entsprechend dem Mischungsverhältnis verändern sich Wärmeleitfähigkeit, spezifische Wärme und Verbrennungstemperatur. Die Zündfähigkeit des Gemisches ist von diesen Umständen abhängig. Mit steigendem Methangehalt und fallendem Sauerstoffgehalt in der Mischung verlieren die Gemische die Fähigkeit, die Energiezufuhr fortzupflanzen und das Gemisch zur Entzündung zu bringen. Die Kurve der Zündfähigkeit fällt schnell ab. Bei 13% Methan sind Inertgaszusätze kaum noch erforderlich.

Weiterhin ist aus den Versuchen ersichtlich, daß die Kohlensäure eine stärkere Wirkung besitzt als der Stickstoff. Da

---

[1]) J. Chem. Soc. London **1902**, S. 535.

das spezifische Gewicht der Kohlensäure 1,9768 kg/Nm³, das des Stickstoffs 1,2505 kg/Nm³ betragt, ist demnach bei gleichen Drücken und Temperaturen in gleich großen Raumen massenmäßig mehr Kohlensäure vorhanden als Stickstoff. Ferner unterscheiden sich beide Gase in ihrer spezifischen Wärme. Bei 20° C und 0 at. abs. beträgt die spezifische Wärme für CO_2 8,84 kcal/Mol; für N_2 dagegen nur 6,95 kcal/Mol. Da die Kohlensäure somit über ein großeres Wärmeaufnahmevermögen verfügt als der Stickstoff, genugt auch eine kleinere Menge an CO_2 für die Unterbindung einer Schlagwetter-Explosion[1]).

An der Zundgrenze sind im Methan-Inertgas-Luftgemisch als niedrigste Sauerstoffgehaltszahlen bei Kohlensaure 15,34% O_2, bei Stickstoff 13,44% O_2 noch nachweisbar. Es ist gezeigt worden, daß die Kohlensäure infolge höherer Wärmekapazität mit geringeren Mengen explosionsherabsetzender wirkt als der Stickstoff. Der Mehrverbrauch an Stickstoff geht zweifellos allein auf Kosten des Luftsauerstoffs. Eine Aufspaltung der Kohlensäure nach der Gleichung $2\,CO_2 = 2\,CO + O_2$, bei der Sauerstoff frei wird, ist in der angewandten Versuchseinrichtung nicht moglich. In dieser entstehen keine hohen Drucke und Temperaturen, die eine thermische Zersetzung herbeiführen. Der Stickstoff hat die Eigenschaft, bei hohen Temperaturen aktiviert zu werden und sich deshalb zu Stickoxyd umzusetzen. Dies ist aus der technischen Gasanalyse bekannt, aber hier wird ein Wasserstoff-Methangemisch zur Explosion gebracht, das einen hohen Betrag an explosivem Brenngas enthalt und infolgedessen auch hohe Explosionstemperaturen und Zundgeschwindigkeiten erzeugt, die die Bedingungen zur NO-Bildung bieten. Bei den Zundgrenzen mit Inertgaszusatz sind die Explosionen, was Energie anbelangt, doch recht schwach. Man muß sie eher als Verpuffungen ansprechen.

Weiter hat Kattwinkel[2]) an zwei Brandfeldproben, deren Methangehalte innerhalb des Zundbereichs lagen und folgende Zusammensetzung aufwiesen:

---

[1]) Zu dem gleichen Ergebnis ist Hanel bei der Untersuchung von Braunkohlenstaub- und Schwelkoksstaub-Explosionen gekommen. Kompaß **1938**, S. 136.

[2]) a. a. O. S 00.

Anteile Vol.-%	Brandgas 1	Brandgas 2
CO_2	5,58	4,82
CH_4	6,31	11,32
CO	0,00	0,00
O_2	7,22	9,72
N_2	80,89	74,14

gezeigt, daß sie nicht zündfähig waren, weil der ihnen zu ihrer Entzündung notwendige Sauerstoff fehlte, der mindestens 15 Vol.-% betragen muß. Dies steht in gutem Einklang mit den Versuchen von Jones und Kennedy[1]) über die kritischen Sauerstoffkonzentrationen für Kohlenwasserstoffe, Wasserstoff und Kohlenoxyd als Verdünnungsmittel. Ihre Werte sind aus Zahlentafel 3 ersichtlich.

Zahlentafel 3

Kritische O_2-Werte brennbarer Gase bei Gegenwart von CO_2 (A) und N_2 (B)

Brennbares Gas	A % O_2	B % O_2
Methan	14,6	12,1
Äthan	13,4	11,0
Propan	14,3	11,4
Butan	14,5	12,1
Äthylen	11,7	10,0
Propylen	14,1	11,9
Wasserstoff	5,9	5,0
Kohlenoxyd	5,9	5,6

Durch die Kontrolle des Sauerstoffs lassen sich somit Gasexplosionen von Brandfeldern vermeiden. Gegen Ende des Brandes werden die Brandgase im allgemeinen arm an Sauerstoff und brennbaren Gasen und reich an Kohlensäure und Stickstoff. Zur Zündung von Brandgasen mit 6—14% Methan sind mindestens 15% Sauerstoff erforderlich.

[1]) Ind. Eng. Chem. **1935**, S. 1344; Fuel **1936**, S. 119. H. Winter, Glückauf **1941**, S. 723.

III. Die Technik der Probenahme

Zur Probenahme der ausziehenden Wetter werden Glasrohre nach Hempel, sogenannte Würste, verwendet, die an beiden Enden verjüngt sind und dort durch zwei Glashähne mit einfacher, gerader Bohrung von 2 mm Weite verschlossen sind, von denen einer kapillar ist. Die Wetterrohre haben einen Inhalt von etwa 150 ccm und befinden sich zu 3 bzw. 6 Stück in einem mit Gurt versehenen Tragkasten, der gegen Öffnen zweifach gesichert ist. Die Hähne der Wetterrohre sollen gut gefettet sein und dicht schließen. Zum Einfetten dieser Hähne benutzt man eine Salbe, die aus 2 bis 3 Teilen gelbem Vaselin und 1 Teil gelbem Wachs bereitet wurde. Gegen eine Lockerung oder das Herausfallen der Hahnküken sichert man sie durch Anbringung einer Drahtlignatur und mit Hilfe eines um das untere Ende des Hahnkükens, das zu diesem Zwecke verlängert und eingerillt ist, gelegten Gummiringes. Bei dem in der Abbildung 1 wiedergegebenen Gassammelrohr[1]) sind die Hähne mit einer einfachen Vorrichtung zur doppelten Sicherung der Gasprobe ausgestattet. Das untere Ende der Hähne besitzt eine senkrecht zur Hahnbohrung konisch verlaufende Bohrung durch Hülse und Küken, durch die ein an einem Draht hängender passender Splint aus Hartgummi gesteckt wird. Dieser verhindert sowohl ein nachträgliches Öffnen des Hahnes als auch ein Herausfallen des Hahnkükens. Damit der Splint richtig eingesteckt wird, haben Hahnküken und Hahnhülse je eine Markierungsperle, die bei richtiger Stellung auf derselben Seite liegen müssen.

Die Wetterrohre werden mit Leitungswasser gefüllt, an Ort geöffnet und entleert, wobei man das Wasser aus dem kapillaren Hahn ausfließen läßt. Der Wettermann hält das Rohr mit ausgestrecktem Arm von sich und beschreibt mit demselben einen Kreis. Ist das Wasser ausgelaufen, werden die Hähne geschlossen und richtig gesichert. Das Rohr wird auf dem mattierten Kreis mit einer Nummer versehen und dann in den Tragkasten gelegt.

Zur Probenahme von Brandgasen, Gasen aus Grubenbrand-

---

[1]) R. Kattwinkel, Chem. Fabrik **1928**, S. 649.

feldern, Nachschwaden von Schlagwetter- und Kohlenstaubexplosionen, die außer auf ihren Gehalt an CO_2 und CH_4 noch auf CO, O_2 und N_2 untersucht werden, verwendet man mit Wasser gefüllte Gassammelröhren mit 500 ccm Inhalt. Um

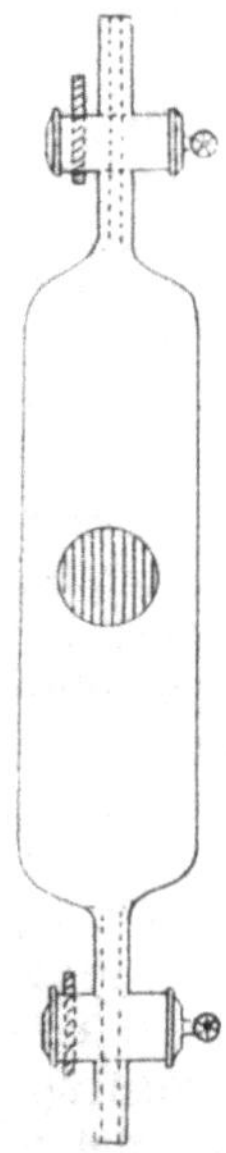

Abb. 1. Gassammelrohr nach Kattwinkel

Abb. 2. Gassammelrohr nach Wilhelmi

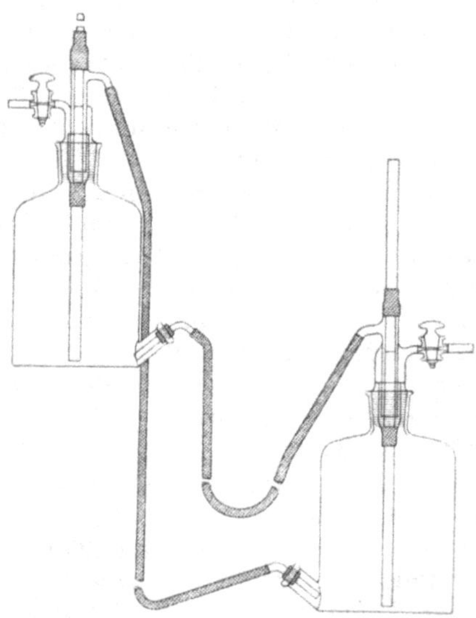

Abb. 3. Aspirator nach Friedrichs

Absorptionsfehler durch Lösen der Kohlensäure in Wasser zu vermeiden, empfiehlt A. Wilhelmi[1]) Vakuumproberohre, die mit Sonderhähnen ausgestattet sind, durch die die Erhaltung eines hohen Vakuums tagelang gewährleistet wird (Abb. 2). Diese Rohre werden vor Gebrauch mit einer Ölpumpe oder einer gut funktionierenden Wasserstrahlpumpe luftleer gesaugt und an Ort und Stelle mit dem zu entnehmenden Gas gefüllt. Steht das Gas von Brandfeldern unter

[1]) Glückauf **1918**, S. 530.

Unterdruck, so kann die Probenahme in der Weise erfolgen, daß man durch das leere Gassammelrohr, das mittels Schlauchs an den Hahn des Branddammes angeschlossen wird, eine größere Gasmenge mit einer Gummiventilpumpe oder besser mit einer Metallfußpumpe absaugt. In Ermangelung einer Pumpe schließt man zwei mit Sperrflüssigkeit gefüllte Gassammelrohre hintereinander an und läßt dieselben dann auslaufen. Bei Anwendung eines Vakuumproberohres schaltet man zwischen Schlauch und Pumpe ein T-Stuck ein, an das man das Proberohr hängt. Nach 30—40maligem Betätigen der Pumpe wird der Hahn der Pumpe geschlossen und der obere Hahn des Vakuumrohres geoffnet, wobei sich das Rohr mit dem Gas füllt. Hat man größere Probemengen zu entnehmen, so verwende man Aspiratoren in Form von zwei mit Gummischlauch verbundene Tubusflaschen von 5 oder 10 Liter Inhalt, die mit Absperrhähnen ausgestattet sind. Eine dieser beiden Flaschen wird dabei als Saugvorrichtung verwendet. In Abbildung 3 ist ein Labor-Aspirator nach Friedrichs[1]) dargestellt, der dadurch bemerkenswert ist, daß wahrend des ganzen Versuches konstanter Gasdruck und damit konstante Gasgeschwindigkeit eingehalten wird. Das Schaltungsschema ist aus der Abbildung ohne weiteres verständlich. Als Sperrflüssigkeit hat sich eine gesättigte, schwach angesäuerte sodafreie Kochsalzlösung von folgender Zusammensetzung bewährt: 27 Gewichtsteile reines Kochsalz auf 72 Gewichtsteile destilliertes Wasser, dazu ein Gewichtsteil konzentrierter Schwefelsäure. Die Sperrflüssigkeit wird mit einigen Tropfen Methylorangelösung gefärbt. Auch eine gesättigte, mit Schwefelsäure schwach angesäuerte Natriumsulfatlösung kann als Sperrflüssigkeit Verwendung finden. Ist man nicht in der Lage, das Gas sofort zu untersuchen, so bewahrt man es über Quecksilber in einem

Abb. 4. Gasometer nach Travers-Gundelach

1) Chem. Ztg. **1929**, S. 667.

Glasgasometer nach Travers-Gundelach (Abb. 4) auf. Dieser Quecksilbergasometer besteht aus einer Auffangglocke mit Glasstab als Führung und doppelwandigem Quecksilberbehälter. Er ist auf einem Eichenholzgestell montiert. Zur Probenahme von Gas aus hohen Dämmen, Bohrlöchern, Spalten und Klüften der Kohle empfiehlt Wilhelmi ein kapil-

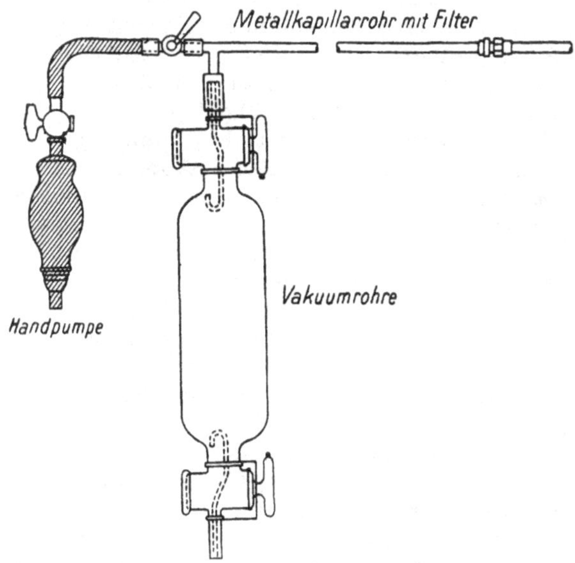

Abb. 5. Gasentnahmevorrichtung nach Wilhelmi

lares Metallrohr (∅ innen ca. 2 mm) von ca. 1 m Länge, das an einem Ende ein abschraubbares Filter und am anderen Ende ein T-Stück und einen Absperrhahn besitzt (Abb. 5). Bei Spuren-Untersuchungen in der Grube, z. B. auf Schwefelwasserstoff, arbeitet man zweckmäßig nach der „Strömungs-Gasentnahme" nach R. A. Kölliker[1]). Das Gerät beruht auf dem Injektorprinzip, wird mit Preßluft betrieben und ist tragbar. Es wird von der Hanseatischen Apparatebaugesellschaft, Kiel,

[1]) Chem. Fabrik **1932**, S. 1; **1933**, S. 299.

Werk Ravensburg, gebaut. Ist ein solches Gerät nicht vorhanden, kann man sich in der Weise helfen, daß man an das Reduzierventil einer 2-Liter-Preßluftflasche eine Luftstrahlpumpe anschließt und diese dann mit der Prüfvorrichtung verbindet[1]). Man kann mit diesem einfachen Gerät einen Saugstrom von 40 l/Min. und 490 mm Wassersäule erzielen. während das Gerät nach Kölliker Geschwindigkeit des Saugstromes von etwa 30 l/Min. und Überwindung eines Widerstandes von 300 mm Wassersäule bis etwa 120 l/Min. und 1200 mm Wassersäule zu erreichen gestattet. Nach dem gleichen Injektorprinzip arbeitet das bekannte Probenahmegerät von Voigt[2]), das in Abbildung 6 dargestellt ist.

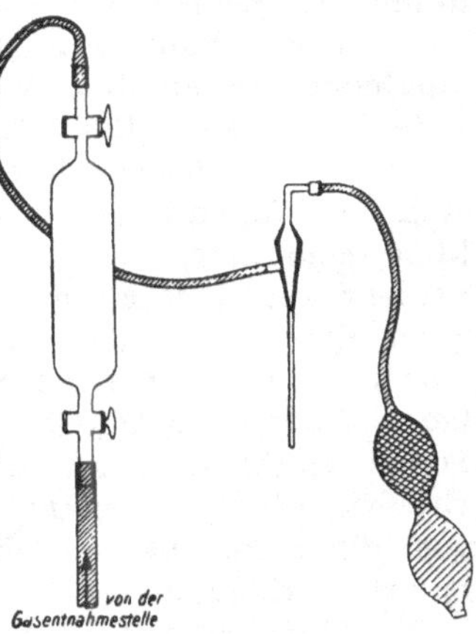

Abb. 6.
Gasentnahmevorrichtung nach Voigt

IV. Das Wetterlaboratorium

Zum Wetterlaboratorium wählt man einen großen, nach Norden gelegenen Raum, in welchem die Temperaturschwankungen nur geringfügig sind. Die Entlüftung dieses Raumes erfolgt durch ein Ventilatorpaar, von denen der eine frische, im Winter angewärmte Außenluft ansaugt, der andere die Luft aus dem Raume absaugt, so daß der ganze Raum derart entlüftet wird, daß je Stunde etwa achtfacher Luftwechsel stattfindet. Bei der Herrichtung des Raumes und der Arbeitstische ist die Giftigkeit des Quecksilberdampfes[3]) besonders zu berücksichtigen. Ein unbeachtetes Verlorengehen von Queck-

---

[1]) Jotter und Sartorius, Zbl. Gewerbehyg. Unfallverhütung **1930**, S. 312.

[2]) Offerhaus, J. f. Gasbel. **1910**, S. 806.

[3]) A. Stock, Angew. Chem. **1929**, S. 999.

silber ist auf ein Mindestmaß zu beschränken. Alle Tische sollen sich so hoch über dem Fußboden befinden, daß dessen Reinigung keine Schwierigkeit bietet. Man wähle deshalb zweckmäßig Wandtische. Der Fußboden soll mit fugenfreiem Linoleum, der an den Wänden etwa 10 cm hochzuziehen ist, dicht belegt sein. Die Wände sollen gespachtelt und mit abwaschbarer Ölfarbe glatt gestrichen sein. Die Arbeitstische sind mit fugenfreiem Linoleum oder Mipolam zu belegen. Man gebe ihnen nach der Mitte zu eine geringe Neigung, versehe sie dort mit einer Öffnung und bringe darunter ein Sammelgefäß für verlorengegangenes Quecksilber an. Vereinzelte Quecksilbertröpfchen werden am besten mit einer Quecksilberzange gefaßt und entfernt. Quecksilbertröpfchen in Fugen macht man mit alkoholischer Jodlösung unschädlich. Größere Mengen Quecksilber bewahre man in einer Büchse aus Eisen mit verschraubbarem Deckel und Stahlhahn mit Selbstverschluß auf.

Die Entfernung der Begleitmetalle des Quecksilbers erfolgt entweder durch Destillation oder durch eine chemische Wäsche mit Säure. Für die Destillation des Quecksilbers gibt es mehrere brauchbare Apparate. Ein leicht zu bedienender einfacher Apparat ist der in der Abbildung 7 dargestellte Apparat von J. Wetzel[1]. Er besteht aus dem Destillationskolben E von etwa 80 mm Durchmesser, dessen Hals durch eine kropfartige Ausbuchtung zu einem etwa 85 mm hohen Luftkühler A und einer ewa 6 mm tiefen Sammelrinne D geformt ist, welch letztere, ähnlich einer Dachrinne, beim Destillieren die im Luftkühler A kondensierten Quecksilberdämpfe sammelt und dieselben nicht mehr in den unteren Kolben E zurückfließen läßt. Durch das Ablaufrohr F ist die Sammelrinne mit einer Vorlage K verbunden. Das Ablaufrohr F wird zweckmäßig mit einer kurzen Asbestisolierung H versehen, welche die Wirkung eines Kühlers ausübt und somit den letzten Rest der Quecksilberdämpfe kondensiert. Durch den Luftkühler A führt das Zuleitungsrohr B, welches mit dem Absperrhahn C versehen ist. Die Quecksilberdestillation erfolgt wegen des hohen Siedepunktes des Quecksilbers im Vakuum. Der Absperrhahn C wird geschlossen, während die Vorlage K mit

[1] Chem. Ztg **1925**, S. 373.

der Wasserstrahlpumpe verbunden wird, mit welcher man bei einem Wasserdruck von 2,8 Atm. bei mittlerer Temperatur in etwa 40 Sekunden ein Vakuum von 12 mm erzielt. Der Apparat wird von außen durch Asbest isoliert bis auf den Teil des Luftkuhlers A, welcher noch bei einer Außentemperatur von 25° C wirksam ist. Das Zuleitungsrohr B steht in Verbindung mit dem Vorratsgefäß, in welchem sich das zur Destil-

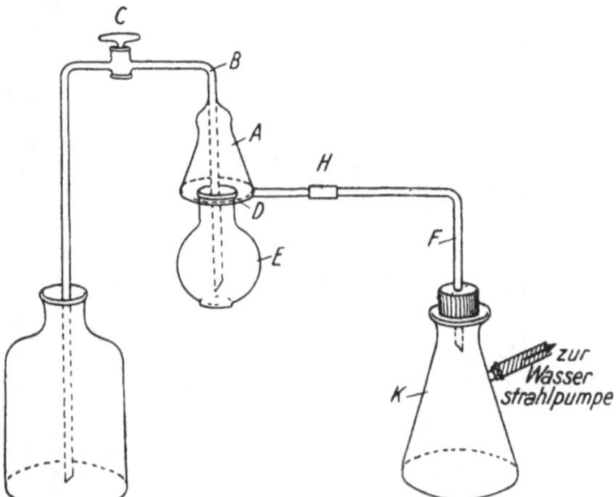

Abb. 7. Quecksilberdestillationsapparat nach Wetzel. Destillationskolben *E* mit Luftkühler *A*, Sammelrinne *D*, Ablaufrohr *F* mit Asbestisolierung *H* und Vorlage *K*. Zuleitungsrohr *B* mit Absperrhahn *C* steht in Verbindung mit dem Vorratsgefaß

lation bestimmte Quecksilber befindet. Infolge des im Apparat herrschenden Vakuums wird beim Öffnen des Absperrhahnes C das Quecksilber durch das Zuleitungsrohr B in den Kolben E gelangen. Dieser wird dreiviertel gefullt, der Absperrhahn C geschlossen und der Kolben mit einem Bunsenbrenner über einem Drahtnetz oder Sandbad erhitzt. Zum Füllen bei einem kontinuierlichen Betrieb braucht nur der Absperrhahn C geöffnet zu werden, wobei zu beachten ist, daß der Kolben E nicht zu voll wird. Die Leistungsfähigkeit des Apparats beträgt 6 kg in 8 Stunden.

Zur Reinigung mit Säure verwendet man eine 10%ige Merkuronitrat-Salpetersäurelösung. Man schüttelt das Quecksilber in einem Schüttelgefäß eine Zeitlang mit dem Reinigungsmittel kräftig durch, zieht das Quecksilber in einen zwei-

Abb. 8. Quecksilberfilter von Schott und Gen., Jena

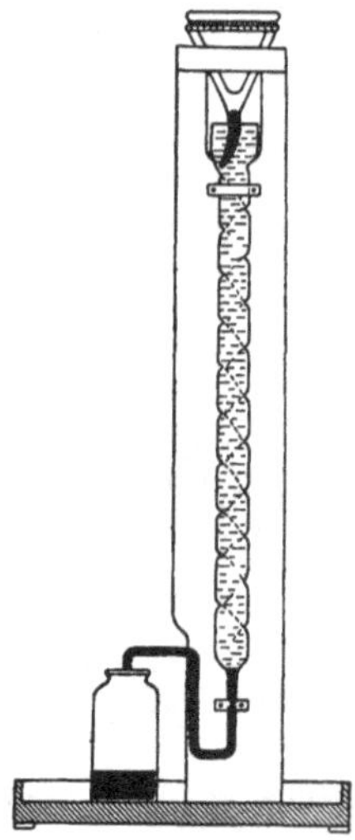

Abb. 9. Quecksilberreinigungsapparat nach Friedrichs

ten Schütteltrichter ab und wäscht mit destilliertem Wasser nach. Dann filtert man durch ein mehrfaches Papierfilter, in das man einige feine Löcher gestochen hat oder saugt das Quecksilber durch das Quecksilberfilter mit Glasfilterplatte 6 b G 2 von Schott und Gen., Jena (Abb. 8). Will man die Handarbeit vermeiden, so kann man sich auch Apparate bedienen, die das Reinigen übernehmen. Bei dem in Abbildung 9 dargestellten Reinigungsapparat nach Friedrichs[1]) springen

[1]) Angew. Chem. **1914**, S. 24.

die Quecksilbertropfen von Einbuchtung zu Einbuchtung kaskadenformig durch 8%ige Salpetersäure. Hierbei wird die Oberfläche ständig erneuert und dadurch eine weitgehende Reinigung von den unedleren Metallen erreicht.

Außer der üblichen Ausrüstung eines gasanalytischen Laboratoriums gehören zum Wetterlaboratorium mindestens zwei Schlagwetterapparate, eine Einrichtung zum Nachweis und zur Bestimmung des Kohlenoxyds und ein Gasuntersuchungsapparat für die komplette Gasanalyse. Weiter sind erforderlich ein Normal-Quecksilberbarometer nach Lambrecht, eine Tageslichtlampe, mehrere Kontrolluhren und Sanduhren mit verschiedenen Zeitangaben.

V. Die Volumenmessung der Gase

Bei der volumetrischen Gasanalyse werden die Gase feucht gemessen. Das Ergebnis wird in Volumenprozent ausgedrückt. Da das Gasvolumen vom Druck und von der Temperatur nach den Gesetzen von Boyle-Mariotte und Gay-Lussac abhängig ist, muß das zur Untersuchung angewendete, bzw. gemessene Gasvolumen auf 0° C und 760 mm Quecksilbersäule im trocknen Zustand, den Normalzustand, reduziert werden. An Stelle der Dimensionsbezeichnung „mm Hg" wird neuerdings die Bezeichnung „Torr" nach Torricelli, dem Erfinder des Barometers, gebraucht. Die Umrechnung geschieht nach der Formel:

$$V_o = V_t \cdot \frac{273\,(B_o - W)}{760\,(273 + t)} = V_t \cdot F$$

V_o = gesuchtes Volumen im Normalzustand,
V_t = abgelesenes Volumen bei der Temperatur t,
B_o = beobachteter Barometerstand B, auf 0° C reduziert,
W = Wasserdampfspannung,
t = beobachtete Temperatur,
F = Reduktionsfaktor.

Bei Überdruck bzw. Unterdruck ist in den Barometerstand der Überdruck bzw. Unterdruck p einzubeziehen, also $B_o = B_o + p$ bzw. $B_o - p$. B_o erhält man aus B nach der Formel: $B_o = B - \frac{t}{8}$.

Zur Vereinfachung der Rechnung entnehme man den Reduktionsfaktor F der Fluchtlinientafel (Abb. 10) oder der „Reduktionstabelle für Heizwert und Volumen von Gasen"

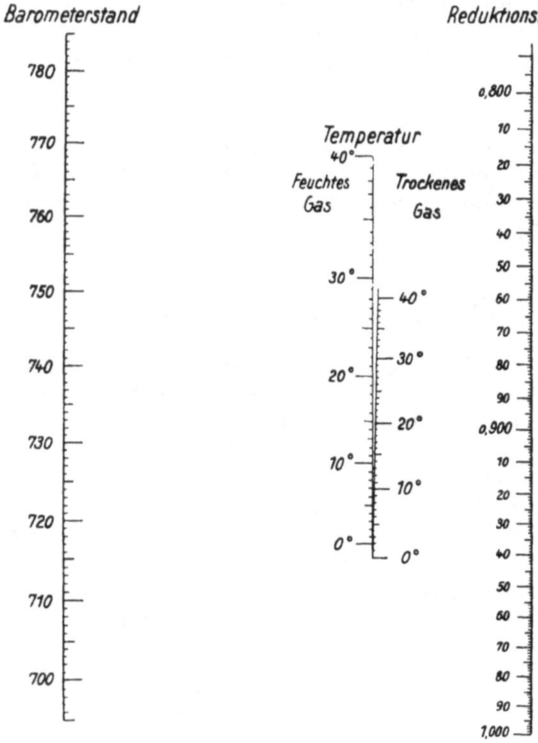

Abb. 10.
Gasreduktionstafel

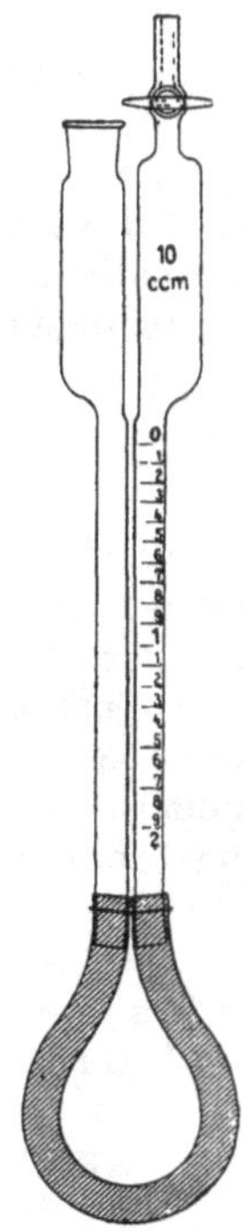

Abb. 11.
Volumen-Reduktor nach Graefe

von K. Ludwig[1]). Ferner kann man sich des automatisch arbeitenden Gasreduktionsapparates nach Graefe[2]) bedienen, der anstelle der verschiedenen Ablesungen mit einer ein-

---

[1]) Verlag von R Oldenbourg, Munchen und Berlin.

[2]) Zu beziehen von H. Keyl, Dresden.

zigen Ablesung auskommt und dann automatisch den Reduktionsfaktor angibt, mit dem man das Gasvolumen dividieren muß, um die auf 0° C, 760 Torr und Trockenheit umgerechnete Gasmenge zu erhalten. Der Volumen-Reduktor (Abb. 11) besteht aus zwei Gefäßen, einem Meßgefaß und einem Niveaugefäß. Das Meßgefäß enthält 10 ccm Volumen und der Ansatz an diesem Gefäß ist in $^1/_{10}$ ccm geteilt, so daß jeder Teilstrich 1% entspricht. Die Zehntelprozente werden durch Schätzung ermittelt. Man stellt das bewegliche Niveaugefäß auf gleichen Barometerstand und kann dann an der rechten Seite sofort den Reduktionsfaktor ablesen.

VI. Die Bestimmung des Methans in den ausziehenden Wetterströmen und in anderen methanarmen Grubenwettern im Laboratorium

1. Die Untersuchungsgeräte (Schlagwetterapparate)

J. Coquillion[1]) war der erste, der feststellte, daß ein Methan-Luftgemisch mit glühendem Platin quantitativ zu Kohlensäure und Wasser verbrennt. Dieses Verhalten bildet die Grundlage der von ihm herrührenden Methode zur Untersuchung der schlagenden Wetter mit Hilfe einer Vorrichtung, des sog. Grisoumeters, die das Vorbild der in den Bergbaulaboratorien benutzten Schlagwetterprüfgeräten geworden ist Was die Verbrennung über Platindraht anbelangt, so hat in neuerer Zeit E. Ott[2]) diese sehr eingehend untersucht und gefunden, daß sie als das genaueste Verbrennungsverfahren anzusprechen ist. Schondorff[3]) hat das Grisoumeter durch Hinzufügen eines Korrektionsapparates für Temperaturen von 0° C bis 30° C und Barometerstände von 700 bis 800 mm Hg sehr vervollkommnet, so daß die Zusammensetzung der Wetter in den schlagwettergefahrdeten Gruben planmaßig ermittelt werden konnte. Broockmann[4]) hat den Korrektions-

[1]) Compt. rend. **1877**, S. 488.

[2]) Gas- u. Wasserfach **1920**, S. 198.

[3]) Anlage zu Bd. 1 des Hauptberichtes der preußischen Schlagwetter-Commission. **1887**, S. 24.

[4]) Sammelwerk, Wetterwirtschaft, Bd. **6**, S. 59.

apparat von Schondorff den praktischen Verhältnissen angepaßt und die Korrektion für wechselnden Barometerstand

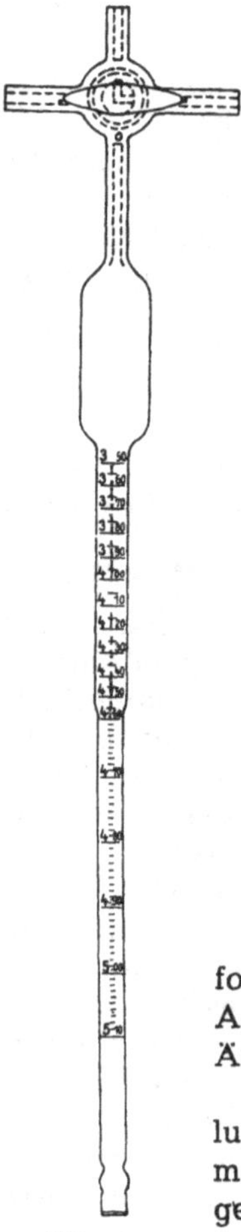

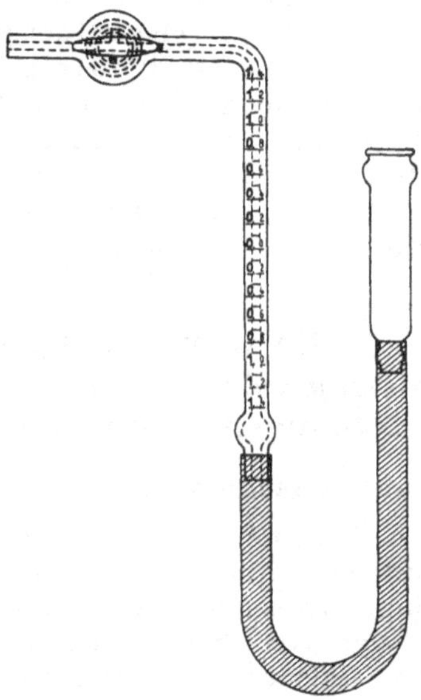

Abb. 12.
Mechanischer Korrektionsapparat nach Broockmann und Schlagwetterbürette

fortgelassen, da während der Dauer einer Analyse (15 bis 20 Minuten) eine meßbare Änderung des Luftdrucks nicht stattfindet[1].

In Abbildung 12 ist der mechanische Volumen-Korrektionsapparat von Broockmann mit der Schlagwetterbürette dargestellt. Er besteht aus einer 175 mm langen, emaillierten, eingeteilten und mit destilliertem Wasser gefüllten Meßröhre, die mit einem kleinen, in einem verschieb-

[1]) E. Küppers, Deutsche Vorrichtungen zur Prüfung der Grubenluft auf ihre Zusammensetzung, Glückauf **1914**, S. 57.

baren Halter befindlichen Niveaugefäß kommuniziert. In der Mitte der Meßröhre befindet sich die Nullmarke. Oberhalb 0 ist Plus, unterhalb 0 ist Minus. Die Teilung 0—1, 1—2, 2—3 usw. beträgt je 5 mm = $^1/_{10}{}^0$ Temperaturdifferenz.

Die Meßbürette mit etwa 500 mm Länge und 35 ccm Inhalt ist in 500 beliebige Raumteile eingeteilt. Sie besitzt einen Vierweghahn mit gasdicht eingeschliffenem Hohlstopfen und Wegweisergriff mit zwei weißen Punkten. Der Nullstrich befindet sich direkt unter dem Hahn. Die Meßröhre hat zwei verschieden weite Ansätze. Von 500 bzw. 510 bis 460 ist das System in $^1/_{20}$ Raumteile und von 460 bis 350 in $^1/_{10}$ Raumteile eingeteilt. Von 350 bis 0 hat die Meßröhre die Form eines Zylinders oder einer Kugel. Die Bürette ist von einem mit Wasser gefüllten Kühlmantel umgeben. Durch Einpumpen von Luft durch ein bis auf den Boden des Kühlmantels reichendes Rohr wird das Kühlwasser durchgerührt. Die Temperatur des Wassers wird mit einem in $^1/_{10}$ Grad geteilten Thermometer mit einem Meßbereich von 15—35° C gemessen. Die Bürette kommuniziert mittels eines Quecksilberschlauches über je einen Grob- und Feinstell-Quetschhahn mit einem Quecksilberhebgefäß. Sie hat sich von der von Büchler[1]) vorgeschlagenen, mit Grob- und Feinmeßteil versehenen Kugelrohrbürette nicht verdrängen lassen.

Die genaue Ablesung der Quecksilberstände in der Bürette erfolgt zweckmäßig mit einer Lupe (6 x) unter Zuhilfenahme einer in der Höhe verstellbaren Beleuchtung mit Milchglasscheibe nach Kattwinkel[2]), die sich hinter der Bürette befindet.

Die Absorptionsgefäße für Kohlensäure und Sauerstoff sind Reagenzrohre, an die Dreiweghahne angeschmolzen sind. Die Ausweichgefäße haben Zylinderform und sind aus Klar- (für Kohlensäure) und Braunglas (für Sauerstoff) angefertigt. Sämtliche Hähne und ihre kapillaren Ansätze haben eine Bohrung von 1,5 mm l. Weite.

Die Verbrennungsbirne ist mit dem mechanischen Korrektionsapparat starr verbunden. Sie ist mit einem stramm

---

[1]) Glückauf **1935**, S. 641.

[2]) Zu beziehen von W. Feddeler, **Essen, Michaelstr. 24.**

sitzenden Gummistopfen bester Qualität verschlossen, der dreifach durchbohrt ist. Eingeschliffene Glasstopfen sind nicht empfehlenswert, da sie sich bei der kleinsten Verpuffung

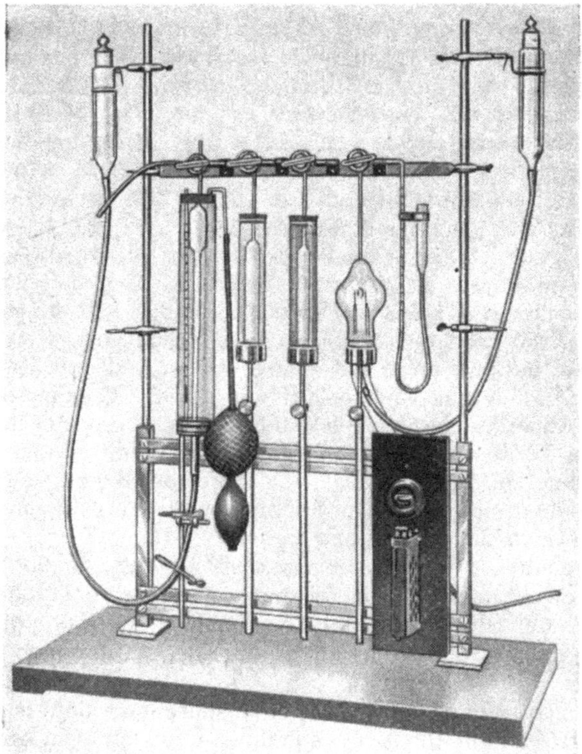

Abb. 13. Wetterapparat nach Kattwinkel

lockern. Durch zwei Bohrungen des Gummistopfens gehen die Zuleitungen für den Heizstrom. In der dritten Bohrung steckt ein Glasrohr, das mit einem Quecksilberhebgefäß mittels Gummischlauches verbunden ist. Der Platindraht mit einem Durchmesser von 0,3 mm wird durch einen Transformator mit einstellbarem Widerstand aufgeheizt. Empfehlenswert ist der Zundapparat von Wilhelmi. Vor der Verbrennungsbirne befindet sich ein abnehmbares Schutzschild aus klarem Zelluloid.

Die Quecksilberhebgefäße sind mit eingeschliffenen Glasstöpseln verschlossen, die das Verdampfen von Quecksilber in den Laboratoriumsraum verhindern. Das von Winter[1]) empfohlene Überschichten des Quecksilbers mit Wasser hat sich nicht besonders bewährt. Auch wird dadurch ein Einstauben des Quecksilbers nicht verhindert[2]).

Bürette, Absorptionsgefaße und Verbrennungsbirne sind mit kurzen Gummischlauchstücken verbunden. Zum Halten sämtlicher Geräte aus Glas und der elektrischen Einrichtung dient ein stabiles Eisengestell. Den normalen Wetterapparat gibt die Abbildung 13 wieder. Das dort dargestellte Gestell ist das KaWe-Universal-Stativ von Kattwinkel, das auf Seite 37 beschrieben ist.

Winter[3]) hat die Verbrennungsbirne durch eine elektrisch beheizte Platinkapillare nach Drehschmidt[4]) mit einem gesättigte Kochsalzlösung als Sperrflüssigkeit enthaltenden Ausweichgefäß ersetzt und anstelle der Gummischlauchverbindungen die von Cornelius Heinz, Aachen, eingeführten Kugelschliffe[5]) verwendet (Abb. 14). Die Ansicht Winters, daß durch Gummiverbindung das Gas diffundieren könnte, ist schlechterdings nicht möglich, wenn Zwischenräume in der Hahnbrücke vermieden sind. Dahingegen stellt die Platinkapillare nach Drehschmidt eine Verbesserung für die Fälle dar, in denen explosible Gasgemische die Verbrennungsbirne zertrümmern konnten. Die Verbrennung am Platindraht über Quecksilber als Sperrflüssigkeit ist aber bei der Untersuchung von ausziehenden Grubenwettern mit sehr geringem Methangehalt wegen ihrer großen Einfachheit und Genauigkeit vorzuziehen. Hinzu kommt, daß die glühende Platin-

[1]) Gluckauf **1930**, S. 878.

[2]) Bezugsquelle fur sämtliche Glasgerate ist die Firma W. Feddeler, Essen, Michaelstr. 24.

[3]) Glückauf **1930**, S. 878.

[4]) Ber. d. dtsch. chem. Ges. **1888**, S. 3242.

[5]) s. a. Sieper, Chem. Fabrik **1938**, S. 545.

kapillare für Methan und insbesondere Wasserstoff durchlassig ist, so daß bei längerem Gebrauch der Kapillare die Werte unrichtig werden. Deshalb hat Kattwinkel[1]) eine neuartige Verbrennungskapillare entwickelt und sie der Verbrennungs-

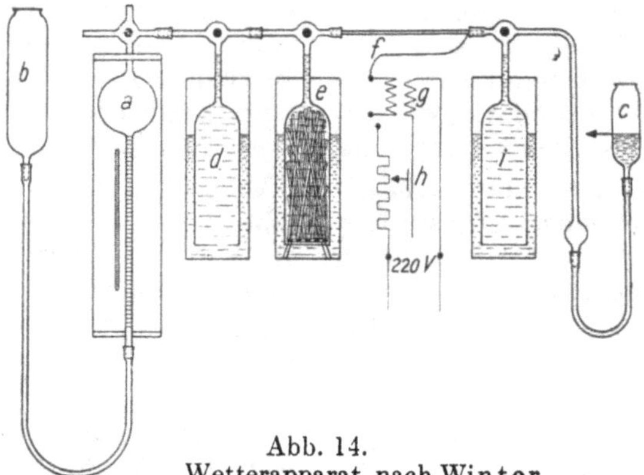

Abb. 14.
Wetterapparat nach Winter
a Bürette, *b* Quecksilberhebgefäß, *c* Korrektionsapparat, *d* Kalilaugepipette, *e* Phosphorpipette, *f* Platinkapillare, *g* Transformator, *h* Schiebewiderstand, *i* Kochsalzpipette

birne des Schondorff-Broockmannschen Schlagwetterprüfers hinzugefügt, so daß es mit dieser Apparatur möglich ist, neben der Analyse geringer Methangehalte auch Gasgemische mit hohem Gehalt an brennbaren Gasen gefahrlos und unabhängig von der Verbrennung über Quecksilber durchzuführen.

Das kapillare Verbrennungsgerat (Abb. 15) enthält in einer 3 mm weiten Kapillare aus Bergkristall eine 30 mm lange u. 2,4 mm hohe Platinspirale, die aus einem 230 mm langen und 0,3 mm starken Platindraht gewickelt ist (rund 30 Windungen). Die beiden Enden dieser Spirale sind an zwei in die Enden der Kapil-

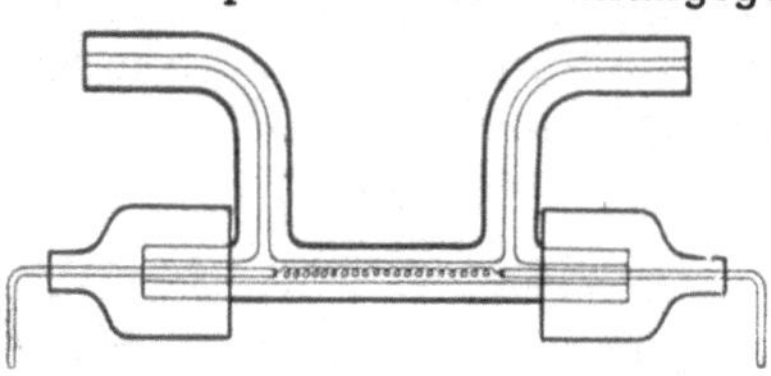

Abb. 15.
Verbrennungskapillare nach Kattwinkel

[1]) Glückauf **1938**, S. 482.

lare eingegipsten Kupferdrähten von 1,9 mm Stärke befestigt, die man mit dem Heizstrom verbindet. Die Enden der Kapillare liegen in zwei Rohrstückchen aus Glas mit verjüngten Ansatzen, durch welche die Kupferdrähte gehen. Der freie Raum in den Rohrstücken ist mit einer Mischung aus Talkum und Wasserglas ausgefüllt, die nach dem Festwerden eine völlige Dichtigkeit gewährleistet. Die Anschlußröhren von 1,5 mm lichter Weite aus Bergkristall sind an den Stellen der Verbrennungskapillare angeschmolzen, an denen sich die Enden der Platinspirale befinden. Das Aufheizen der Spirale auf etwa 1050° geschieht über einen 3 A liefernden Transformator mit drei Anzapfungen für 4, 8 und 12 V. Ein kleiner Widerstand ist vorgesehen. Dieselbe elektrische Einrichtung dient auch zum Aufheizen des Platindrahts der Verbrennungsbirne. Die Kühlung der Verbrennungskapillare erfolgt mit Hilfe einer Kappe aus Metall, die man nach Beendigung der Verbrennung auflegt. Die Erneuerung der Platinspirale bereitet keine Schwierigkeiten, weil sich das Gemisch von Talkum und Wasserglas bei längerem Liegenlassen in Wasser löst. Der Gips wird mit einer feinen Nadel entfernt.

Das in Abbildung 16 wiedergegebene Schlagwetteruntersuchungsgerät besteht aus folgenden Teilen: 1. der zweifach unterteilten, wassergekühlten Gasbürette a mit dem Quecksilberhebgefäß b und den beiden Temperatur-Ausgleichvorrichtungen c und d; 2. dem Kaligefaß e zur Absorption der Kohlensäure; 3 dem Phosphorgefäß f zur Absorption des Sauerstoffs; 4. der Verbrennungsbirne g mit Quecksilber als Sperrflüssigkeit und dem Quecksilberhebgefäß h; 5. der Verbrennungskapillare i; 6. dem mit Kochsalzlösung gefüllten Auffanggefäß k; 7. der elektrischen Einrichtung l; 8. der Gasentnahmevorrichtung m.

Diese Teile sind in das Ka-We-Universal-Stativ[1]) n eingebaut, bei dem mit geringstem Zeitaufwand die Teile ein- oder ausgebaut und sowohl nach der Seite als auch in der Höhe beliebig verstellt werden können. Es besteht aus zwei Paar Flach- oder Winkeleisenleisten und aus zwei auf einer Grundplatte befestigten Vierkanteisen, die im Abstand von 250 mm

[1]) Zu beziehen von Curt Wilke, Düsseldorf.

die Doppelleisten halten. Der diese trennende Zwischenraum von 8 mm nimmt die Schalttafel sowie die verstellbaren Teller und Halter für die Gefäße und Bürette auf, die mit Hilfe von

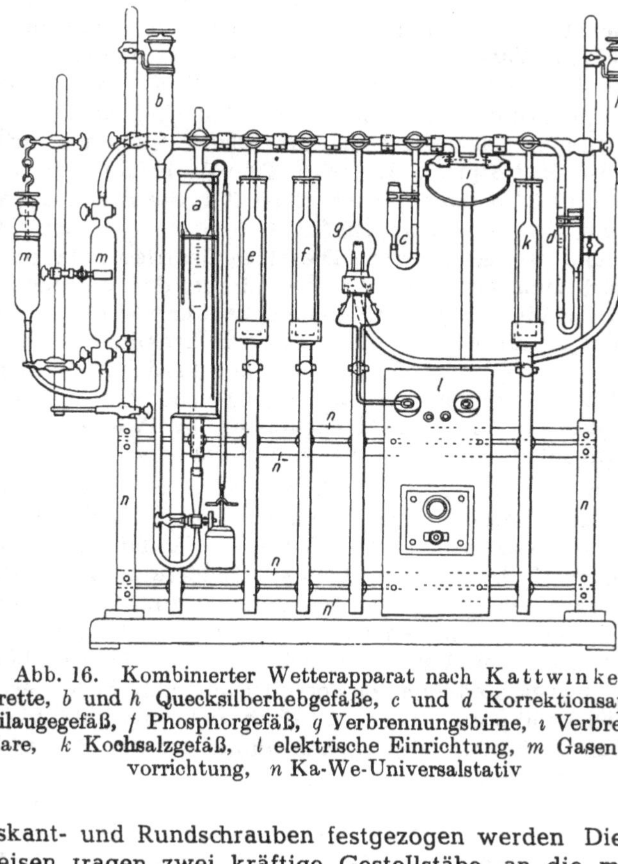

Abb. 16. Kombinierter Wetterapparat nach Kattwinkel
a Bürette, *b* und *h* Quecksilberhebgefäße, *c* und *d* Korrektionsapparate, *e* Kalilaugegefäß, *f* Phosphorgefäß, *g* Verbrennungsbirne, *i* Verbrennungskapillare, *k* Kochsalzgefäß, *l* elektrische Einrichtung, *m* Gasentnahmevorrichtung, *n* Ka-We-Universalstativ

Sechskant- und Rundschrauben festgezogen werden Die Vierkanteisen tragen zwei kräftige Gestellstäbe, an die man die Hahnbrückenleiste anschraubt. Jeder Stab hat zwei Ringe mit Klammern für die Einhängung der Quecksilberhebgefäße. Die am linken Stab befindliche Gasentnahmevorrichtung arbeitet unter Quecksilberdruck. Man kann sie nach hinten drehen oder leicht entfernen, wenn man genötigt ist, die Gasprobe mit angesäuerter 27%iger Kochsalzlösung zu entnehmen.

Vorstehende Wettergeräte arbeiten mit einer Genauigkeit von ± 0,02%.

2. Ausführung der Analyse

a) Vorbereitung des Apparates zur Analyse

Bevor der Apparat zusammengebaut wird, werden sämtliche Glasteile mit warmer Seifenlösung gewaschen und mit destilliertem Wasser klar gespült. Dann werden sie mit der Luftpumpe getrocknet. Die Hähne der Bürette, Absorptionsgefäße und Verbrennungsbirne verbindet man gasdicht mit bestem Quecksilberschlauch von drei Zentimeter Länge, wobei man darauf achten muß, daß die beiden gleichmäßig rund abgeschmolzenen Glasrohrenden aneinanderstoßen. Das Aufziehen der Schlauchstücke wird durch schwaches Befeuchten mit Glyzerin sehr erleichtert. Die Verbrennungseinrichtung stellt man sich selbst her. Die 10 cm langen Glasröhren für die Stromzuführung werden am unteren Ende durch ein Stückchen Kapillarschlauch von etwa 2 cm Länge verschlossen. Hierdurch schiebt man einen dicht sitzenden Eisennagel von etwa 5 cm Länge soweit, daß ein Teil von etwa 1 cm herausragt, der nach außen abgebogen wird. An diese Stelle befestigt man den Heizdraht mit einer Polklemme. Die Platinspirale, deren fünf Windungen man durch Aufwickeln auf einen runden Bleistift herrichtet, wird an zwei Ösen aus dickem Draht angebunden, die dann in die Glasröhren eingedrückt werden, welche dann mit Quecksilber ausgefüllt werden. Der konisch zulaufende Gummistopfen wird nach Bestreichen mit Glyzerin fest in die Birne eingeschoben. Nunmehr werden die Hähne mit Kautschukfett, dessen Dampfspannung bei der Arbeitstemperatur praktisch gleich Null ist, eingefettet. Als Hahnschmiere empfiehlt Cl. Winkler[1]) ein Dichtungsmittel nach Travers, das man erhält, indem man 2 Teile weiche Kautschukschnitzel, 1 Teil Vaseline und 1/8 Teil festes Paraffin in einer Schale auf dem Sandbade erhitzt, bis bei fleißigem Um-

[1]) Clemens Winklers Lehrbuch der technischen Gasanalyse 4. Aufl. **1919**, S. 46.

rühren der Kautschuk vollständig gelöst ist. Das erkaltete Produkt muß schwarz und klebrig sein. Braucht man härteres Fett, so gibt man mehr Paraffin zu. Nach Ostwald-Luther[1]) werden 7 Teile geschmolzener Kautschuk mit 3 Teilen Vaseline und 1 Teil Paraffin und etwas weißen Wachs zusammengerührt. Ein vorzügliches Hahnfett erhält man, wenn man 1 Teil Ramsay-Fett zäh[2]) und 1 Teil Vaseline zusammenmischt. Das Schmieren der Hähne muß sehr sorgfältig erfolgen. Es geschieht dies in der Weise, daß zunächst das Innere der Hahnhülse hauchdünn mit Fett eingerieben wird. Dann wird das Hahnküken in der Längsrichtung mit der Hahnschmiere bestrichen. Nach guter Verteilung des Fettes wird das Küken in die Hahnhülse eingeschoben und dort im Sinne des Uhrzeigers mehrere Male herumgedreht. Das Einfetten ist zu beanstanden, wenn Schlieren auf den Schliffflächen zu sehen sind und Fett sich in den Kapillaren abgesetzt hat. Nicht vollkommen passende Schliffe werden durch Nachschleifen mit Schmirgel verbessert.

Die Füllung der Bürette und der Verbrennungsbirne mit reinem Quecksilber bietet keine Schwierigkeit, wenn die Hähne mit der Außenluft verbunden sind. Über den in der Bürette befindlichen Quecksilberspiegel bringt man einen linsengroßen Wassertropfen, damit das durch die Kalilauge getrocknete Gas sich wieder mit Wasserdampf sättigen kann.

Das Absorptionsgefäß für Kohlensäure wird mit filtrierter Kalilauge 1 : 2 zu etwa zwei Drittel gefüllt. Die von Bunte und Wunsch[3]) ausgeführten Versuche über die Fehler, die infolge der geringeren Wasserdampftension über einer Lauge, die eine höhere Konzentration als 1 : 3 hat, auftreten, sind hier bedeutungslos, da das zu messende Gasvolumen durch den Wassertropfen über dem Quecksilber stets vollkommen mit Wasserdampf gesättigt wird.

Zur Füllung der Phosphorpipette mit weißen Phosphorstangen von 2 mm Durchmesser bedient man sich eines kleinen Zylinders (Abb. 17), den man unter Wasser mit geeignet

[1]) Ostwald-Luther, Hand- und Hilfsbuch. 2. Aufl. Leipzig **1902**, S. 154.

[2]) Zu beziehen von E. Leybolds Nachfolger, Koln-Bayental

[3]) Gas- und Wasserfach **1923**, S. 463.

langen Phosphorstangen ausfüllt und dann mit dem Ausweichgefäß in die Pipette einschiebt. Der Phosphor wird in Stangenform wie folgt hergestellt.

Man bringt ihn in mit warmem Wasser gefüllte Reagenzgläser und stellt diese in ein mit Wasser von 60° gefülltes hohes Becherglas. Diese Temperatur genügt, um den Phosphor zu schmelzen. Als Stangenform nimmt man dünnwandige Glasröhren von etwa 2 mm lichter Weite, die man oben mit einem kurzen mit Quetschhahn verschließbaren Schlauch versieht. Man taucht die Glasröhren bei geöffnetem Hahn in den geschmolzenen Phosphor, der in diesen infolge Kapillarität weit über die im Reagenzglas stehende Oberkante des Phosphors emporsteigt. Der Quetschhahn wird nun geschlossen. Man bringt dann die Röhrchen in ein bereitgestelltes Gefäß mit kaltem Wasser. Nach kurzer Zeit ist der Phosphor festgeworden. Da er beim Erstarren sich zusammenzieht, fallen die Stangen beim leichten Klopfen der Glasröhren heraus. Tun sie dies nicht, so kann man einen dünnen Draht zu Hilfe nehmen.

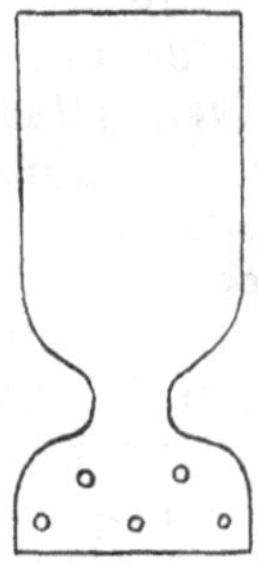

Abb. 17
Einsaß für Phosphorgefäß

In den Korrektionsapparat gibt man destilliertes Wasser bis zum Nullstrich. Hierbei muß man darauf achten, daß sich in der engen Röhre keine Luftbläschen festsetzen. Den Kühlmantel füllt man bis zum Beginn der Teilung an der Bürette mit destilliertem Wasser. Nachdem man aus der Verbrennungsbirne, den Absorptionspipetten und der Meßröhre die Luft entfernt hat, stellt man die Hahne schräg, öffnet die Quetschhähne und setzt das Gasvolumen unter Druck. Das Gasvolumen darf sich längere Zeit nicht verändern.

b) Gang der Analyse

Zur Entnahme des Gases aus dem Wetterrohr wird dasselbe mittels Kapillarschlauches an den auf Außenluft gestellten Vierweghahn der Bürette angeschlossen. Darauf bringt man das Wetterrohr in die in einem Stutzen befindliche angesäuerte Kochsalzlösung und öffnet die Hähne. Das Gas verdrängt die

Luft in der Verbindungsleitung und schaltet auf diese Weise den schädlichen Raum zwischen Wetterrohr und Bürette aus. Diese wird jetzt mit der Gasprobe verbunden, das Niveaugefäß an den unteren Haltering angehakt und die Gasprobe abgezogen. Darauf dreht man den Hahn auf Absperrung und entfernt das Wetterrohr.

Man stellt nun das Quecksilber auf 500 ein, indem man das Niveaugefaß in der Hand etwas hochhebt. Dann hängt man dieses an den oberen Haltering. Nach Ablassen des Überdrucks nach außen verbindet man die Bürette mit dem Korrektionsapparat, in welchem das Wasser in der Regel etwas ansteigt. Mit der Luftpumpe wird das Kühlwasser kräftig durchgepumpt. Seine Temperatur wird notiert und das Wasser im Korrektionsapparat auf den Nullstrich gebracht. Nachdem man das Gasvolumen notiert hat, schickt man es zweimal durch die Kalilauge; dann rührt man das Wasser im Kühlmantel wieder durch und liest die Temperatur ab. Ist dieselbe beispielsweise um $^1/_{10}$ Grad gestiegen, stellt man den Zeiger des Korrektionsapparats auf 0,1, aber den Wasserspiegel auf die Nullmarke und notiert die Volumenabnahme der Gasprobe[1]). Für die Methanbestimmung muß zunachst Unterdruck hergestellt werden. Zu diesem Zwecke wird das zur Verbrennungsbirne gehörende Niveaugefäß an den unteren Haken gehängt und der Hahn der Verbrennungsbirne geöffnet. Das Gas drückt man dann mittels des Hebgefäßes der Bürette in die Birne. Man glüht sechsmal je 10 Sekunden lang, läßt den Gasrest in der Birne abkühlen und nimmt ihn dann in die Bürette zurück. Nachdem man das Volumen korrigiert hat, wird das Gas gemessen. Zuletzt leitet man es zweimal durch die Kalilauge, um die bei der Verbrennung gebildete Kohlensäure zu ermitteln.

[1]) Neuerdings ist von R. Muller, Essen, eine Vorrichtung entwickelt worden, bei der die Ablesung des Thermometers im Wassermantel des Meßrohres und die Einstellung des Korrektionsapparats nicht mehr erforderlich sind. Die Berucksichtigung von Temperaturschwankungen erfolgt automatisch ohne Benutzung eines Thermometers, wobei die Einwirkung von atmosphärischen Druckschwankungen während der Analyse ausgeschaltet ist.

Berechnung:

a = Volumenabnahme bei der Kohlendioxydbestimmung.
b = Volumenabnahme bei der Methanverbrennung.
c = Volumenabnahme nach der Absorption des durch die Verbrennung entstandenen Kohlendioxyds.

$$\frac{2\,a}{10} = \text{Vol.-\% } CO_2$$

$$\frac{b}{10} = \text{Vol.-\% } CH_4$$

$$\frac{2\,c}{10} = \text{Vol.-\% } CH_4$$

Beispiel:

Angewandte Gasmenge	: 500,0	$0{,}8 = a = \frac{1{,}6}{10} = 0{,}16\%\ CO_2$
Nach Absorption der CO_2	: 499,2	$1{,}2 = b = \frac{1{,}2}{10} = 0{,}12\%\ CH_4$
Nach Verbrennung des CH_4	: 498,0	$0{,}6 = c = \frac{2 \times 0{,}6}{10} = 0{,}12\%\ CH_4$
Nach Absorpt. d gebild. CO_2	: 497,4	

Bei Grubenwettern, die von Kohlen herrühren, die nicht dem Karbon, sondern der Wealdenformation (Minden, Obernkirchen) angehören, sind die ausziehenden Wetter äthanhaltig. Infolgedessen ist c stets größer als b. Die Berechnung ist hier:

$$\%\ CH_4 = \frac{4\,b - 5\,c}{3 \times 5}$$

$$\%\ C_2H_6 = \frac{2\,(2\,c - b)}{3 \times 5}$$

Gasgesetze.

Die Verbrennung des CH_4 vollzieht sich nach folgender Gleichung:

$$CH_4 + 2\,O_2 = CO_2 + 2\,H_2O$$
$$1\ \text{Vol.} + 2\ \text{Vol.} = 1\ \text{Vol.} + 0\ \text{Vol.}$$

Es liefern also 3 Vol. Gas = 1 Vol. CO_2. Mithin verschwinden auf 1 Vol. CH_4 2 Volumina Gas. Aus der Volumenabnahme b berechnet sich daher das Volumen des verbrannten CH_4 nach der Gleichung:

$$CH_4 = \frac{b}{2}$$

Bringt man das zweite Verbrennungsprodukt, das aus CH_4 entstandene CO_2, zur Absorption, so verschwinden auf 1 Vol. CH_4 3 Vol. Gas. Aus der Gesamtkontraktion (b + c) berechnet sich das Volumen des Methans nach der Gleichung:

$$CH_4 = \frac{b + c}{3}$$

Beim Äthan nimmt die Verbrennungskohlensäure den doppelten Raum ein wie vorher das C_2H_6. Die Verbrennungsverhältnisse sind:

		CH_4		C_2H_6
Vor der Verbrennung	:	1 Vol.		1 Vol.
Nach der Verbrennung	:	1 Vol.		2 Vol.
Volumenveränderung	:	0 Vol.	+	1 Vol.

Anmerkung.

1. Vor Inbetriebnahme, insbesondere nach längerem Stillstand, sind eine Dichtigkeitsprüfung und ein Blindversuch mit Luft auszuführen.
2. Ist bei normalen Wettern c größer als b, so kann dies folgende Gründe haben:
   a) Es ist nicht genügend Feuchtigkeit über dem Quecksilber der Bürette.
   b) Die Hahnbrucke ist mit Fett und Feuchtigkeit verschmiert. Um sie zu säubern, wird sie mit warmer Seifenlösung und destilliertem Wasser längere Zeit durchgespült und dann trocken gesaugt. Organische Lösungsmittel sind nicht zu verwenden.
   c) Ist die Apparatur in Ordnung, so wird der Methangehalt errechnet nach der Formel:

$$\% \, CH_4 = \frac{2}{3} \; \frac{(b + c)}{10}.$$

VII. Die Untersuchung methanreicher Grubengase auf CO_2, CH_4, O_2 und N_2

Unter „methanreiche Grubengase" versteht man solche Grubengase, die einen Methangehalt bis zu 50% enthalten. Solche Gase sind im Schlagwetterapparat unter Verdünnen mit Luft noch einwandfrei analysierbar. Während nach der im vorhergehenden Abschnitt beschriebenen Methode Methangehalte bis zu 4% ohne Luftzusatz untersucht werden können, wird bei methanreichen Wettern nach Wegnahme der Kohlensäure und des Sauerstoffs ein aliquoter Teil des Gasrestes abgemessen und mit der zehnfachen Menge CO_2-freier Luft zur Verbrennung gebracht.

Der Analysengang ist folgender:

Man mißt 500 Raumteile Gas ab und bestimmt darin zuerst den Kohlensäuregehalt. Dann verbrennt man den Sauerstoff in der Phosphorpipette. Da die Absorptionsgeschwindigkeit des Phosphors bei einer Temperatur von 20° bis 25° außerordentlich hoch ist — bei niederen Temperaturen geht die Verbrennung langsamer vor sich —, ist die Bestimmung nach 5 bis 10 Minuten beendet. Das Ende der Reaktion ist erreicht, wenn die weißen Nebel verschwunden sind und der Phosphor wieder klar zu erkennen ist. Vor der Bestimmung des CH_4 bringt man den gesamten Gasrest, der aus Methan und Stickstoff besteht, in die Phosphorpipette, Zur Bestimmung des CH_4 saugt man etwa 450 Raumteile Luft in die Bürette und macht sie vor der genauen Ablesung kohlensäurefrei, indem man sie einmal durch die Kalilauge schickt. Zu dieser Luftmenge gibt man dann etwa 40—50 Raumteile Gas aus der Phosphorpipette. Gas und Luft leitet man zwecks Mischung zweimal durch die Kalilauge. Man verbrennt jetzt über Platin und bestimmt in bekannter Weise Volumenkontraktion und Verbrennungskohlensäure. Die Differenz der Summe von (CO_2 + CH_4 + O_2) von 100 ist der N_2-Gehalt.

B e i s p i e l.

Angewandte Gasmenge	:	500,2	Rt. 13,2 = 2,64% CO_2
Nach Absorption des CO_2	:	487,0	54,0 : 5 = 10,80% O_2
Nach Absorption des O_2	:	433,0	
Luft + Gas	:	499,0	39,0 Rt. Gas
Luft	:	460,0	
Verbrennung	:		
Luft + Gas	:	499,0	20,0 Rt.
Kontraktion	:	479,0	10,6 Rt.
CO_2-Absorption	:	468,4	
			30,6 : 3 = 10,2 Rt.

$$CH_4 = \frac{10{,}2 \times 433{,}0 \times 100}{39{,}0 \times 500} = 22{,}65\%.$$

E r g e b n i s.

CO_2	:	2,64 %
CH_4	:	22,65 %
O_2	.	10,80 %
N_2	:	63,91 %

A n m e r k u n g. Nach der Analyse ist der Apparat mit Stickstoff auszuspulen, um das Restgas aus den Kapillaren zu entfernen. Wurde man sofort nach Untersuchung einer methanreichen Gasprobe eine normale Grubenluftprobe in der Apparatur analysieren, so kann diese Probe noch keine ganz richtigen Werte liefern, sondern erst die zweite, da sich die Anschlußkapillaren erst mit entsprechendem Restgas füllen müssen. Sind die aufeinanderfolgenden Gasproben von gleicher Art und einigermaßen ähnlicher Zusammensetzung, so kann hierdurch kein erheblicher Fehler entstehen, weil das Restgas von zwei aufeinanderfolgenden Gasproben fast gleiche Zusammensetzung hat, also der Gasprobe bei der Einführung in ein Gefaß ebensoviel Gasbestandteile der verschiedenen Art zurückgegeben werden, wie ihr bei der Rückführung entzogen werden; es tritt also praktisch ein vollkommener Ausgleich ein.

VIII. Die Untersuchung von Methanbläsern, Erdgasen und hochprozentigen Grubengasen

Diese Gase sind dadurch gekennzeichnet, daß sie einen Gehalt an gesättigten Paraffinkohlenwasserstoffen (Methan und

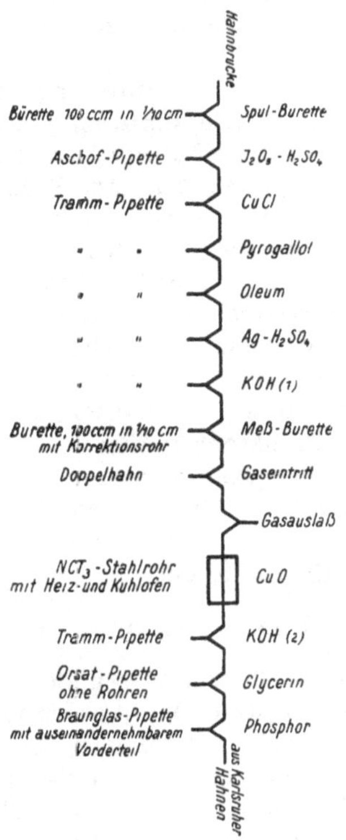

Abb. 18.
Übersicht über eine Gasuntersuchungsapparatur für die vollständige Analyse

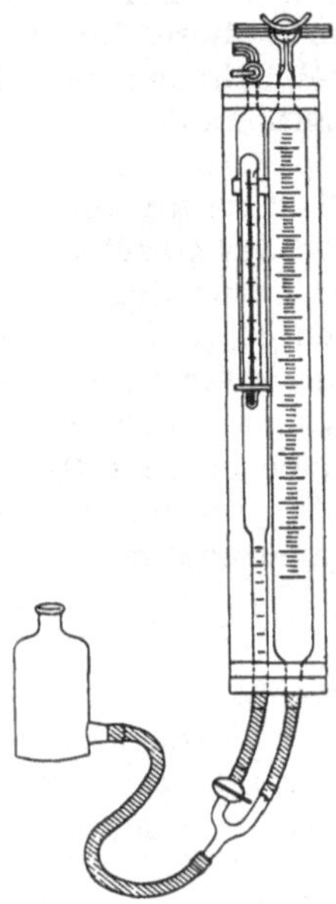

Abb. 19.
Meßburette mit Korrektionsrohr nach Strohlein

Äthan) bis zu 99% aufweisen können. Schwere Kohlenwasserstoffe (CnHm), Olefine und Kohlenoxyd sind im allgemeinen nicht vorhanden. Doch ist eine Prüfung auf diese Gasbestandteile erforderlich. Wasserstoff fehlt meistens oder ist nur in geringer Menge vorhanden. Man führt die Verbrennung fraktioniert aus, da Wasserstoff und Paraffinkohlenwasserstoffe verschiedene Umsetzungstemperaturen haben. Zur fraktionierten Verbrennung ist sowohl Platin und Sauerstoff als auch Kupferoxyd verwendbar. Kupferoxyd ist aber dem Platin und Sauerstoff vorzuziehen, da es bequemer und billiger ist und die Verwendung größerer Volumina brennbarer Gase gestattet.

Apparatur (s. Abb. 18).

Die Meßbürette (Abb. 19) besitzt eine Einteilung von 0—100% bei einem Inhalt von 100 ccm. Die Einteilung ist in $^1/_{10}$ ccm. Die Bürette ist auf der Rückseite emailliert[1]) und mit einem isolierenden Wassermantel umgeben. In dem Wassermantel befinden sich das Korrektionsrohr nach Ströhlein, ein Lufteinleitungsrohr und ein Thermometer. Das Korrektionsrohr gestattet in einfacher Weise die durch die Schwankungen der Temperatur und des Barometerstandes bewirkten Änderungen des Gases prozentual zu berichtigen. In gleichem Maße nämlich, wie die einzelnen Gasbestandteile prozentuale Änderungen durch Temperatur und Barometerstand erfahren, ändert sich auch ein vorher in dem Korrektionsrohr genau abgelesenes Gasvolumen. Beträgt die hier beispielsweise abgelesene Volumenzunahme 0,8% und ist irgend ein Gasbestandteil z. B. zu 15% ermittelt worden, so ist wegen der ebenfalls erfolgten Volumenzunahme dieses Bestandteils 0,8% von 15 ccm, d. h. also $\frac{15 \times 0,8}{100} = 0,12\%$ in Abzug zu bringen, so daß der korrigierte Wert 14,88% beträgt. Die Meßbürette befindet sich zwischen Absorptions- und Verbrennungsteil. Der Absorptionsteil besteht aus 5 Intensiv-Pipetten nach Tramm[2]), in der das Gas viermal gewaschen wird (Abb. 20), 1 Pipette nach Aschof[3]) mit Glasrohren oder besser mit gedrehten Glasstäben (Abb. 21) und 1 Meßbürette (100 ccm in $^1/_{10}$ ccm) mit

[1]) Zur Vermeidung des Parallaxenfehlers ist die Hinterwand der Bürette mit zwei schmalen weißen Längsstreifen versehen, die durch eine dünne Linie von blauer Farbe getrennt sind. Diese Einrichtung bewirkt, daß an der Meniscusgrenze eine feine Spitze entsteht, die man zum Ablesen verwendet (Schellbachsche Streifen).

[2]) Brennstoff-Chemie **1932**, S. 146.

[3]) Stahl u. Eisen **1921**, S. 1406.

Kühlmantel, aber ohne Korrektionseinrichtung. Der Verbrennungsteil besteht aus einem 20 cm langen Verbrennungsrohr aus NCT_3-Stahl, das sich in einem gasbeheizten Diatomitofen mit Berieselungseinrichtung, Modell Ruhrchemie, befindet, auf dessen Enden 2 Kühlrollen zum Schutz der Gummischlauchverbindungen aufgeschoben sind, ferner aus 1 Intensiv-Pipette

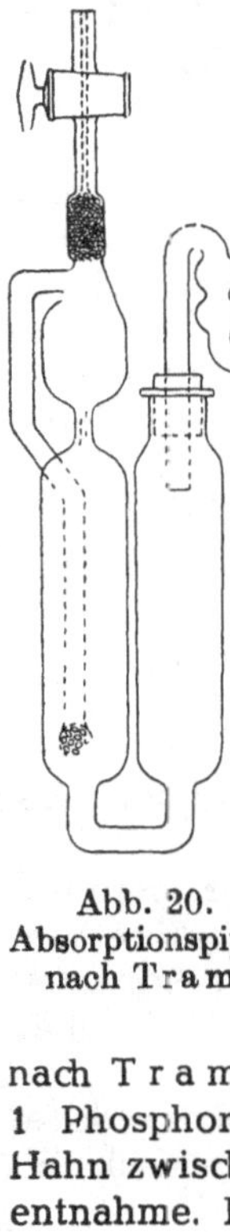

Abb. 20.
Absorptionspipette nach Tramm

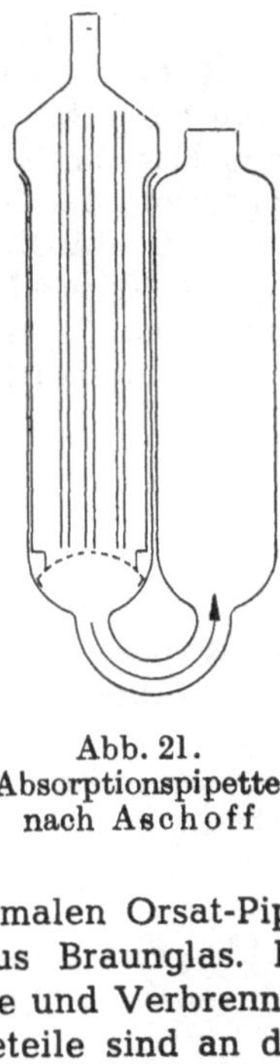

Abb. 21.
Absorptionspipette nach Aschoff

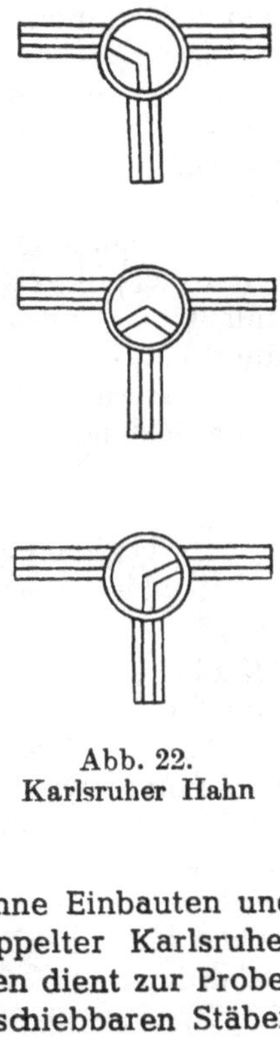

Abb. 22.
Karlsruher Hahn

nach Tramm, 1 normalen Orsat-Pipette ohne Einbauten und 1 Phosphorpipette aus Braunglas. Ein doppelter Karlsruher Hahn zwischen Bürette und Verbrennungsofen dient zur Probeentnahme. Die Geräteteile sind an den verschiebbaren Stäben des Ka-We-Universalstativs (ähnlich dem des Schlagwetterapparats) angeschraubt. Hohlstäbe dienen für die Zuleitung des Heizgases und des Kühlwassers. Auch der Ablauf des Berieselungskastens ist mit einem hohlen Stativstab verbunden. Die Pipetten werden von verstellbaren Tellern gehalten. Zwei

Niveauflaschen, 2 Mikroquetschhähne nach Pregl und 2 Ausweichgefäße vervollständigen die Einrichtung.

Das Hahnsystem des Apparates wird lediglich durch Karlsruher Hähne[1]) gebildet, indem die seitlichen Ansätze durch 3 cm lange Gummischlauchstücke miteinander verbunden werden. Die seitliche Verschiebbarkeit der Apparateteile erleichtert den Zusammenbau wesentlich und ermöglicht bei den einzelnen Verbindungsstellen das dichte Berühren der Kapillaren, so daß schädliche Räume an diesen Stellen vermieden werden. Da die Hähne fest an den Absorptionsgefäßen sitzen, erübrigt sich eine weitere Befestigung des Hahnsystems. Störungen an den Hähnen lassen sich daher leicht beseitigen. Um den schädlichen Raum der Hahnbrücke möglichst klein zu halten, haben die Karlsruher Hähne einen Kapillardurchmesser von 1,5 mm. Engere Kapillaren schalten wegen der leicht eintretenden Verschmutzung und Verstopfung aus. Der Karlsruher Hahn erlaubt alle drei Verbindungen mit der Bürette herzustellen; auch wird eine bessere Schlußstellung durch ihn erzielt (Abb. 22).

Die Meßgenauigkeit der Gasuntersuchungsvorrichtung[2]) beträgt ± 0,1 Vol.-%.

Füllung der Absorptionsgefäße, des Verbrennungsrohres und der Büretten[3])

Kalilauge fur Kohlendioxyd· 100 g elektrolytisch gereinigtes Ätzkali auf 200 g destilliertes Wasser, $\gamma = 1{,}27$.

Silberschwefelsäure für Olefine: 5 g Silbernitrat zur Analyse werden mit Schwefelsäure 1,84 zur Analyse vorsichtig abgeraucht. Der Abdampfrückstand wird in Schwefelsäure gelöst und zu 250 ccm mit Schwefelsäure im Meßkolben aufgefüllt.

Oleum für schwere Kohlenwasserstoffe: Rauchende Schwefelsäure mit 25% SO_3. (Schwefelsäure rauchend, etwa 40 und 20% SO_3, 2 + 5 gemischt.)

Alkalische Pyrogallösung für Sauerstoff: Pyrogallol, doppelt sublimiert, zur Analyse, in 40%iger Lösung.

[1]) Ubbelohde und de Castro, J. f. Gasbel. **1911**, S. 813.

[2]) Bezugsquelle: W. Feddeler, Essen, Michaelstr. 24.

[3]) Sämtliche Reagenzien liefert E. Merck, Darmstadt.

1 Teil dieser Lösung wird mit 2 Teilen Kalilauge rein, 1,27, zur Analyse gemischt.

Ammoniakalische Kupferchlorürlösung für Kohlenoxyd: 200 g Kupferchlorür zur Analyse und 250 g Ammoniumchlorid zur Analyse werden mit 750 ccm Wasser in einer verschlossenen Flasche geschuttelt. Zu 3 Raumteilen dieser Lösung fügt man 1 Raumteil Ammoniaklösung, 0,910, zur Analyse und bewahrt die Lösung über metallischem Kupfer auf.

Jodpentoxyd-Schwefelsäure für Kohlenoxyd[1]): 20 g des gepulverten Jodpentoxyds zur Analyse werden im Porzellan- oder Achatmörser feinst gemahlen und in 4 oder 5 Anteilen in eine 1 l fassende Glasflasche mit Schliffstopfen eingefüllt, die 360 g Schwefelsäure mit 11% freiem SO_3 enthält. Die Mischung wird mindestens 2 h kräftig geschüttelt.

Kupferoxyd für die fraktionierte Verbrennung: Kupferoxyd, Drahtform, zur Analyse. Das Kupferoxyd wird so zerstoßen, daß die Länge der einzelnen Stückchen nicht mehr als 3 bis 4 mm beträgt.

Glyzerin für Methan und Äthan: Glyzerin doppelt destilliert reinst, 30° Bé, mit destilliertem Wasser 1 : 1 gemischt.

Phosphor zur Stickstoffherstellung: Weißer Phosphor in Stangen, 2 mm Durchmesser.

Kochsalzlösung als Sperrflüssigkeit: 27 g Kochsalz zur Analyse werden in 72 g destilliertes Wasser gelöst. Dazu 1 g Schwefelsäure, 1,84, Methylorangelösung zur Färbung.

Ausführung.

Nachdem man durch die Apparatur Stickstoff aus der Phosphorpipette mit der Spül-Bürette geleitet hat, wird das Gassammelrohr mit seinem weiten Hahn mit einem mit Sperrflüssigkeit gefüllten Hochbehälter verbunden. Der Kapillarhahn des Gassammelrohres wird an den Untersuchungsapparat mittels eines kurzen Schlauchstückes angeschlossen.

Man setzt nun das Gassammelrohr unter Druck und spült zunächst die Meßbürette mit dem zu untersuchenden Gas aus. Nach dem Einsaugen des Gases stellt man auf 100 genau ein. Zunächst beginnt man mit der Absorption des Kohlendioxyds

---

1) Nach Muller-Neuglück. Wärme, **1938**, S 280.

durch 4—5maliges Durchleiten in die Kalilauge. Nach Ablesung und Notierung des Standes der Sperrflüssigkeit in der Meßbürette wird das Gas in die Silberschwefelsäure gedrückt. Ist nach mehrmaligem Durchleiten Volumenkonstanz erreicht, wird das Gas in der Kalipipette neutralisiert und dann erst der Stand der Meßbürette abgelesen und notiert. Auf dieselbe Weise verfährt man bei der Oleum-Pipette. Der Sauerstoff wird von der alkalischen Pyrogallollösung aufgenommen. Hierauf leitet man das Gas in die ammoniakalische Kupferchlorürlösung und entfernt die Reste des Kohlenoxyds in der mit Jodpentoxyd-Schwefelsaure beschickten Pipette. Die mitgerissenen SO_3-Dämpfe werden in der Kalilauge absorbiert und dann der Stand der Meßburette abgelesen und notiert. Die nun folgende Verbrennung des Wasserstoffs erfolgt bei 280—300° über Kupferoxyd, indem man den Gasrest in die Kalipipette (2) leitet. Ist Volumenkonstanz erreicht, kühlt man das Verbrennungsrohr ab und liest den endgültigen Stand ab. Die Verbrennung der Kohlenwasserstoffe wird bei Rotglut solange durchgeführt, bis keine Kontraktion mehr festzustellen ist. Hierbei wird das Gas über Glyzerin aufgefangen. Das Verbrennungsrohr wird jetzt vorsichtig abgekühlt, der Stand der Sperrflüssigkeit abgelesen und das gebildete Kohlendioxyd in der Kalilauge (1) absorbiert. Man führt zuletzt eine Nachverbrennung bei Rotglut unter direkter Absorption des Kohlendioxyd in der Kalilauge (2) durch. Das Restvolumen ist Stickstoff.

Nach der Analyse wird das zu Kupfer reduzierte Kupferoxyd mit Luft bei Rotglut wieder zu Kupferoxyd oxydiert.

B e r e c h n u n g.

Der Prozentgehalt für Kohlendioxyd, Olefine, schwere Kohlenwasserstoffe, Sauerstoff, Kohlenoxyd, Wasserstoff ergibt sich ohne weiteres aus der Differenz der Volumina vor und nach der Absorption bzw. Wasserstoff-Verbrennung. Methan und Äthan berechnen sich wie folgt:

$CH_4 + 4\,CuO = CO_2 + 2\,H_2O + 4\,Cu$ $\quad$ $C_2H_6 + 7\,CuO = 2\,CO_2 + 3\,H_2O + 7\,Cu$

1 Vol. = 1 Vol. $\quad$ 1 Vol. = 2 Vol.

A = Vol. vor der 2. Verbrennung

B = Vol. nach der 2. Verbrennung

C = Stickstoff

x = Methan

y = Äthan

$A = x + y + C$

$B = x + 2y + C$

% Äthan $= y = B - A$

% Methan $= x = A - (C + y)$

IX. Die Bestimmung des Methans im Betrieb

Hier handelt es sich um Betriebsgeräte, die den ungefähren Methangehalt der Grubenluft angeben.

a) Methanrohr nach Wilhelmi

Wilhelmi ermittelt den Methangehalt der Grubenwetter mit seinem Schlagwetterrohr (Abb. 23). Das Rohr wird evakuiert und durch kurzes Öffnen und Schließen des Hahnes mit dem Wetter gefüllt. Hierauf wird es zwischen die Kontaktfedern einer tragbaren elektrischen Einrichtung geklemmt. Ist beim Überspringen des elektrischen Funkens eine Explosion nicht wahrnehmbar, so können trotzdem am Glühdraht etwa vorhandene Mengen Methan verbrannt sein, die durch Messung der Volumenverminderung durch Einsaugen von Wasser nach der Abkühlung des Rohres ermittelt werden. Die Prozente Methan werden an dem Schlagwetterrohr abgelesen.

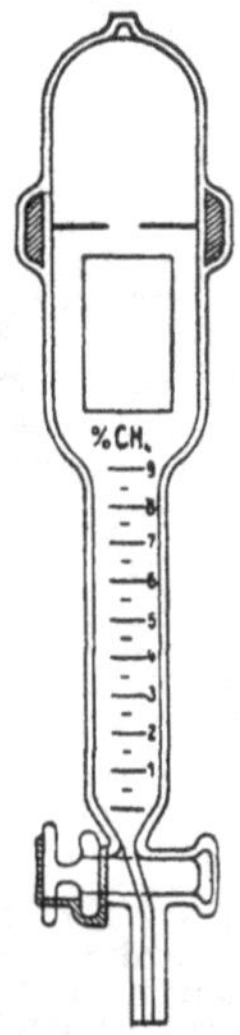

Abb. 23. Menthanrohr nach Wilhelmi

b) Wetteruntersuchungsgerät nach Grard

Das auf den Saargruben eingeführte Betriebsgerät von Grard ist ein abgeänderter Grisoumeter. Man benutzt bei der Analyse als Sperrflüssigkeit kein Quecksilber, sondern Wasser. Die Genauigkeit des Geräts beträgt daher nur $\pm$ 0,1% Methan. Es ist somit für die von der Bergbehörde amtlich vorgeschriebenen Wetteruntersuchungen nicht zu verwenden. Das Gerät ist von Altbürger[1]) beschrieben worden. In der von Klein verbesserten Ausfuhrung wird es von der Firma Wilhelm Lorenz, Stützerbach in Thür., hergestellt.

c) Grubengas-Interferometer von Zeiß

Das Grubengas-Interferometer von C. Zeiß, Jena[2]), ist ein optischer Grubengasmesser mit zwei 10-cm-Gaskammern (Abb. 24).

---

[1]) Gluckauf **1936**, S. 987.

[2]) F. Lowe, Chem Ztg **1921**, S. 405.

Die elektrischen Teile sind den Sicherheitsvorschriften der Bergbehörden angepaßt. Die Messung des Methangehalts der Grubenluft beruht auf dem Vergleich des Brechungsvermögens von Methan mit dem von Luft, dessen Brechungsvermögen bekannt ist. Von einer Lampe wird Licht durch einen Konden-

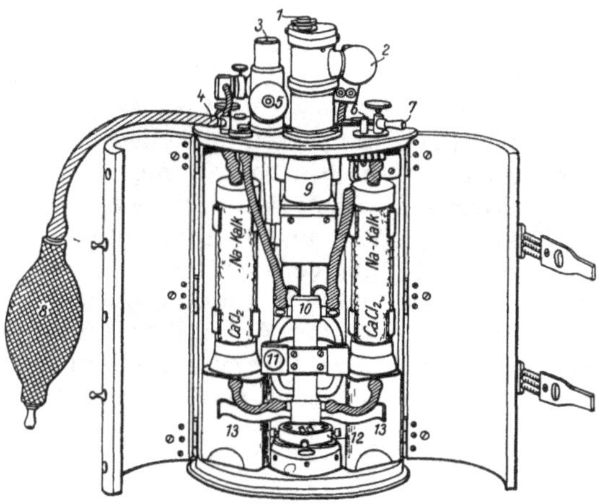

Abb. 24.

Grubengasinterferometer von Zeiß, Jena

1 = Okular, *2* = Spaltbeleuchtung, *3* = Trommelbeleuchtung, *4* = Eintritt fur Grubenluft, *5* = Meßtrommel, *6* = Druckknopf fur 2 und 3, *7* = Eintritt fur Vergleichsluft, *8* = Pumpe der Grubenluft, *9* = Objektiv, *10* = Gaskammer, *11* = Klemmschraube zum Befestigen der Gaskammer, *12* = Spiegel, *13* = Batterien

sator, Reflektor und Prisma auf einen Spalt geleitet. Dieses durchdringt dann ein Objektiv und zwei Gaskammern. Bei einem Spiegel kehren die Strahlen um, gehen wieder durch die Gaskammern und lassen im Objektiv Beugungsspektren entstehen. Wenn die Gaskammern mit dem gleichen Gas gefüllt sind, sieht man zwei Interferenzbilder, die durch einen waagerechten Strich getrennt sind. Oben ist das unveränderliche Vergleichsspektrum. Bei richtiger Einstellung des Instruments muß die untere Halfte identisch mit der oberen sein. Wenn in einer Gaskammer Grubengas und in der anderen

Luft enthalten sind, dann verschieben sich im unteren Bild die Streifen. Mit einem Kompensator werden sie wieder auf den alten Platz gerückt. Die Drehung des Kompensators ist ein Maß für den Gehalt der Grubenluft an Methan. Ein Strich auf der Kompensatorscheibe zeigt 0,1% Methan an. Die Methanprozente werden somit unmittelbar angegeben.

d) Nachweis mit der Grubenlampe

Vor Beginn der Seilfahrt der Frühschicht hat der Wettermann alle Betriebspunkte seiner Fahrabteilung auf Ansammlung von Grubengas mit der auf 2 bis 3 mm verkleinerten Flamme der Benzinlampe zu untersuchen. Ist 1% Methan und mehr in der Grubenluft vorhanden, so verbrennt dieses in der Grubenlampe an der Flamme, die dadurch verlängert wird und mattblaue Lichtmäntel (Aureolen) bildet. Bei 1% Methan ist die Aureole wegen der geringen Warme des Flämmchens noch sehr klein. Sie wächst erst bei höherem Prozentgehalt; bei 2% Methan auf 7 mm, bei 4% Methan bereits auf 60 mm. Schlagwetter mit 5 bis 14% CH_4, die explosibel sind, verbrennen im Korbe, wobei die Benzinflamme erlischt. Geringere Mengen Methan als 1% sind mit der Benzinlampe nicht mehr nachweisbar. Versieht man jedoch den Docht der Lampe mit der von v. Rosen[1]) angegebenen Schlagwetterperle aus Kochsalz, so sind noch ½% Methan schwach zu erkennen. Bei 1% Methan ist die Aureole mit deutlicher Spitze vollkommen ausgebildet und zweifellos besser zu erkennen als bei der Flamme ohne Schlagwetterperle. Mit weiterer Zunahme des Methangehaltes wächst die Aureole entsprechend und zeichnet sich durch ihre gelbe Farbe sehr deutlich von dem dunklen Hintergrunde ab. Bis zu 2% Methan beträgt die Höhe der Aureole etwa das 1½-fache der gewöhnlichen Aureolen. Über 2% Methan werden die Höhenunterschiede kleiner. Bei mehr als 3% Methan ist der Unterschied kaum mehr vorhanden.

Fur Grubenbetriebe, die mit elektrischen Lampen ausgestattet sind, hat die Firma Friemann & Wolf, Zwickau, eine handliche Verbundlampe konstruiert, die eine helleuchtende elektrische Fahrlampe mit einer sicher arbeitenden Wetterprüf-

---

[1]) Leinau, Bergbau **1929**, Nr. 14.

lampe vereinigt. Sie ist von Cabolet[1]) beschrieben worden. Sie hat sich aber auf den Ruhrzechen nicht durchsetzen können.

Bei den in USA verwendeten Methan-Dedektoren[2]) beruht die Methananzeige auf einer Verbrennung des Methan-Luftgemisches an einem schwach erhitzten Platindraht.

X. Die Untersuchung der Brandgase und der Gase aus Brandfeldern

a) Die Bestimmung von Kohlensäure, Sauerstoff, Stickstoff und Methan

Die Bestimmung wird sinngemäß nach dem in Abschnitt VI und VII beschriebenen Verfahren durchgeführt.

b) Die Bestimmung von Kohlensäure, Olefinen, Sauerstoff, Kohlenoxyd, Wasserstoff und Methan

Die im ersten Abschnitt eines Grubenbrandes auftretenden Schwelgase sind durch einen Gehalt an ungesättigten Kohlenwasserstoffen, Wasserstoff und Kohlenoxyd besonders gekennzeichnet. Die ungesättigten Kohlenwasserstoffe sind hauptsächlich vom Typus des Äthylens und sind bis zu 1 Vol.-% vorhanden. Wasserstoff ist bis zu 2 Vol.-% nachgewiesen. Die Höhe des Kohlenoxyd- und Methangehalts wechselt. Um diese Verbindungen exakt bestimmen zu können, bedient man sich eines Wetterapparates, der durch Hinzufügung von zwei Absorptionspipetten mit Silberschwefelsäure und Jodpentoxydschwefelsäure erweitert ist. Wasserstoff und Methan werden gemeinsam am Platindraht verbrannt. Der Sauerstoff wird nach der Verbrennung durch Phosphor bestimmt. Den Stickstoff errechnet man durch Subtraktion der ermittelten Gase von 100.

Berechnung.

Die Prozente Kohlensaure, Olefine, Kohlenoxyd ergeben sich in bekannter Weise aus der Absorption.

$\%\ \text{Methan} = \frac{c}{5}$; c = Volumenabnahme nach Absorption der Verbrennungskohlensäure.

[1]) Gluckauf **1933**, S. 565.

[2]) Davies, Colliery Guard **1938**, S. 1087; Gluckauf **1939**, S. 91.

$$\% \text{ Wasserstoff} = \frac{2}{15} \cdot (b - 2c);$$ b = Volumenabnahme nach der Verbrennung von Methan und Wasserstoff.

$$\% \text{ Sauerstoff} = \frac{d}{5} + s.$$

d = Volumenabnahme nach der Absorption durch Phosphor.
s = Sauerstoffverbrauch = $2 \cdot \% CH_4 + {}^1/_2 \% H_2$.

c) Die quantitative Bestimmung des Kohlenoxyds nach der Jodpentoxyd-Methode im Laboratorium

Die Oxydierbarkeit kleiner Kohlenoxydmengen mit Jodpentoxyd bei erhöhter Temperatur ist zuerst von Ditte[1]) beobachtet worden. Nicloux[2]) und Gautier[3]) haben dann unabhängig voneinander diese Reaktion als Methode zur Bestimmung kleiner Kohlenoxydmengen veröffentlicht. Eine ausführliche Übersicht über das Schrifttum bis 1923 gibt Kattwinkel[4]). Die Methode ist neuerdings von Winter und Braukmann[5]) eingehend überprüft und von Kattwinkel[6]) apparativ verbessert worden. Mit ihr lassen sich noch 0,001 Vol.-% Kohlenoxyd in der Grubenluft genau bestimmen.

Prinzip. Kohlenoxyd wird durch Jodpentoxyd zu Kohlensäure oxydiert, wobei 5 Teile Kohlenoxyd 2 Teile Jod freimachen. Das Jod wird durch den Gasstrom bzw. durch die Spülluft abdestilliert, in Natriumthiosulfatlösung aufgefangen und das nicht zur Reaktion kommende Natriumthiosulfat jodometrisch bestimmt.

Lösungen. Zur Kohlenoxydbestimmung in Brandgasen wendet man eine etwa 0,001 normale Jodlösung an, von der 1 ccm 0,05 ccm CO (20° C, 760 mm Hg) entspricht. Eine solche Lösung erhalt man, wenn man 8,4 ccm einer 0,1 normalen

---

1) Bull. Soc. chim. **1870**, S. 318.
2) C. r. d. l'Acad. des sciences **1898**, S. 746.
3) C. r. d. l'Acad. des sciences **1898**, S. 793
4) Brennstoff-Chem. **1923**, S. 105.
5) Glückauf **1940**, S. 575; **1941**, S. 264.
6) Glückauf **1933**, S. 1068; **1941**, S. 22.

Jodlösung auf 1 l verdünnt, nachdem man sie vorher mit 25 ccm verdünnter Schwefelsäure ansäuerte. Die 0,001 normale Natriumthiosulfatlösung stellt man sich jeweils frisch aus einer gut haltbaren 0,1 normalen Lösung her, indem man 2,5 ccm davon auf 250 ccm auffüllt. Größere Mengen von dieser Lösung anzusetzen, empfiehlt sich nicht, da sie rasch ihren Titer verändert, sobald Luftsauerstoff in dem Meßkolben über ihr steht. Bei frisch bereiteten Lösungen verbraucht man für 10 ccm Natriumthiosulfat etwa 12,5 ccm Jodlösung. Der Indikator ist eine 0,5%ige Stärkelösung, aus löslicher Stärke nach Zulkowsky bereitet.

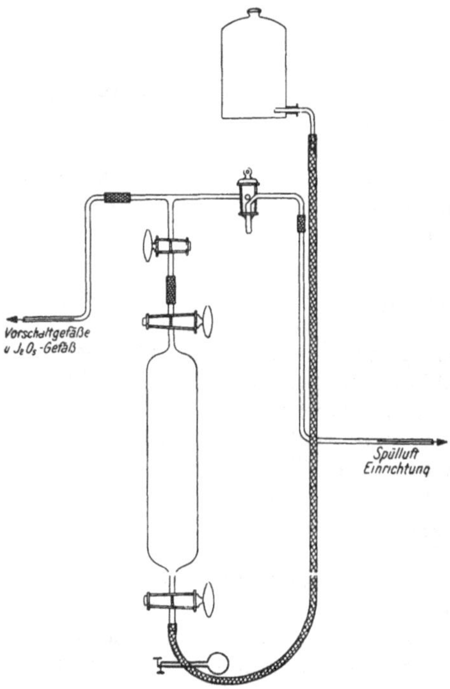

Abb. 25. Gasentnahmevorrichtung

Apparatur. Die Vorrichtung[1]) besteht aus drei Teilen. In der Mitte befindet sich die Einrichtung zur Gasentnahme, rechts die Einrichtung zur Herstellung kohlenoxydfreier Spülluft, links der Jodpentoxydapparat mit den Vorschaltgefäßen zur Reinigung der Gasprobe.

Die Gasentnahmevorrichtung (Abb. 25) ist ein T-Stück mit einem Durchgangshahn und einem Dreiweghahn. An den Durchgangshahn schließt man die Gassammelröhre mit dem kapillaren Hahn an und verbindet den anderen Hahn der Gassammelröhre durch einen mit Quetschhahn verschließbaren Gummischlauch mit einer hochgestellten Klärflasche von 2 l Inhalt, die mit Leitungswasser gefüllt ist.

---

[1]) Bezugsquelle: W. Feddeler, Essen, Michaelstr. 24.

Die Einrichtung zur Herstellung von kohlenoxydfreier Spülluft besteht aus einem Aspirator von 6 l Inhalt nach Friedrichs (Abb. 3), einem aufklappbaren Verbrennungsofen (Marsofen) von 3,3 Amp., 700 Watt mit Regulierwiderstand und einem Verbrennungsrohr aus NCT_3-Stahl von 30 cm Länge und 1,5 cm Durchmesser mit 2 Kühlern an den Enden. Das Rohr ist mit Kupferoxyd in Drahtform gefüllt und wird in dem Ofen auf Dunkelrotglut erhitzt. Der Austritt des Stahlrohres ist mit dem Dreiweghahn des T-Stückes durch ein Glasrohr verbunden.

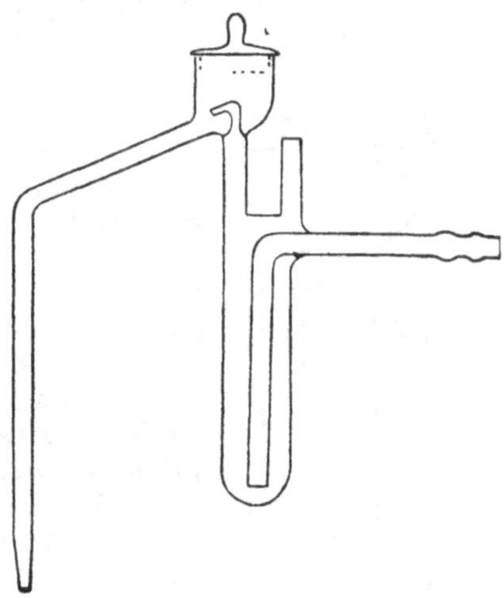

Abb. 26. Jodpendoxyd-Gefaß

Der wichtigste Teil der Analysenapparatur ist das Jodpentoxydgefäß mit der Gasreinigungseinrichtung. Diese hat den Zweck, alle auf Jodpentoxyd einwirkenden Bestandteile außer Kohlenoxyd aus dem Gase herauszunehmen und das durchgeleitete Gas zu trocknen. Sie setzt sich zusammen aus drei Schraubenwaschflaschen (Schraubenkaliapparate, große Form) nach Friedrichs und zwei U-Röhrchen für feste Reagenzien. Man schaltet sie in folgender Reihenfolge hintereinander: Kalilauge → rauchende Schwefelsäure → konzentrierte Schwefelsäure → Ätzkali → Magnesiumperchlorat[1]). Alle Gefäße wählt man möglichst klein, um toten Raum zu sparen, der die Analysendauer unnotig verlängern würde, weil mehr Luft zur Verdrängung der Gasprobe aus den einzelnen Gefäßen durchgeleitet werden müßte.

An das U-Rohr mit Magnesiumperchlorat schließt man das Jodpentoxydgefäß aus Jenaer Gerateglas an (Abb. 26), nachdem man es mit körnigem Jodpentoxyd gefüllt hat. Das Füllen geschieht durch den neben dem Gasaustritt befindlichen Stutzen,

[1]) Hochwirksames Trockenmittel fur Gase, Chem. Zbl. **1935**, I 3446, **1936**, I 383.

der nach dem Füllen mit der Stichflamme abgeschmolzen wird. Zum Erhitzen des Gefäßes wird ein Aluminiumofen nach Abbildung 27 verwendet, der mit einem Bunsenbrenner beheizt wird, dessen Flamme durch einen Schornstein gut vor Zugluft geschützt und durch einen Feinstellhahn nach Pregl bzw. Göbbels reguliert wird. Als Vorlagen benutzt man kleine Erlenmeyerkolben aus weißem Glas. Zum Befestigen und Halten von Gasentnahmevorrichtung, Waschgefäßen, Trockenröhren, Aluminiumofen und verstellbarer Vorlage empfiehlt sich ein Ka-We-Universal-Stativ.

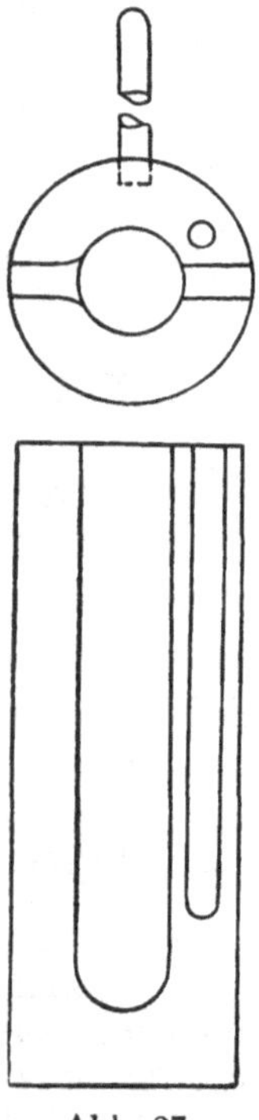

Abb. 27. Aluminiumofen nach Kattwinkel

Das Handelsprodukt Jodpentoxyd ist stets feucht und enthält nicht unbeträchtliche Mengen Jodsaure. Letztere geht erst bei 196° in ihr Anhydrid (Jodpentoxyd) über[1]). Unterhalb dieser Temperatur liegt kein Jodpentoxyd (Jodsäure-Anhydrid) vor, sondern Anhydrojodsäure. Diese Säure gibt bald zu hohe, bald zu niedere Kohlenoxydwerte und ist zum Gebrauch nicht geeignet. Daher muß das frische Jodpentoxyd vor der Inbetriebnahme mindestens 8—10 Stunden auf 196° erhitzt werden, bis die Wasserabspaltung eine vollständige ist. Man pruft das Reaktionsende mit Tetrachlorkohlenstoff, das bei Spuren von Jod noch eine deutliche Rosafärbung gibt. Wenn nach 15 Minuten langem Durchleiten die Färbung ausbleibt, ist das Jodpentoxyd zur Analyse verwendbar.

Ausfuhrung. Vor Beginn jeder Untersuchung oder Untersuchungsreihe muß zur Prüfung der Vorrichtung ein Leerversuch durchgeführt werden. Man leitet eine halbe Stunde lang Luft bei 130° C durch die Vorrichtung, nachdem man die Prüfung auf Jodabscheidung bei 196° durchgeführt hat. Man legt 10 ccm Natriumthiosulfatlösung und 5 ccm Stärkelösung vor, genau wie bei der

[1]) Groschuff, Ztschr. anorg. Chem. **1915**, S. 331.

Analyse. Nachdem man das Jodableitungsrohr mit 10 ccm Wasser durchgespult hat, muß die Titration gegen Jod genau denselben Wert ergeben wie eine Blindtitration mit denselben Reagenzien (10 ccm Thiosulfatlösung, 5 ccm Stärkelösung, 10 ccm dest. Wasser). Erst dann kann mit der eigentlichen Analyse, die man bei 130° durchführt, begonnen werden. Man analysiert das zu untersuchende Gas vorher am Wettergerät auf Kohlensäure und brennbare Gase, um einen Anhaltspunkt uber den zu erwartenden Gehalt an Kohlenoxyd zu haben. Wahrend man bei Gasen bis etwa 0,05% CO 300 bis 500 ccm zur Analyse braucht, sollte man bei höherem Anteil das Gas mit Luft verdünnen, um zu vermeiden, das sich bei zu konzentriertem Gemisch Jod in dem Ableitungsrohr niederschlägt. Zum Mischen des Gases mit Luft dient die Kugelbürette nach Abbildung 28. Man füllt die Bürette mit Wasser, mißt etwa 50 bis 100 ccm Gas ab und liest dann sein genaues Volumen an der Einteilung der Bürette ab. Darauf läßt man das Wasser durch Öffnen beider Hähne bis auf einen Rest auslaufen, wodurch das Gas mit frischer Luft verdünnt und vermischt wird. Der Wasserrest erleichtert beim Umschütteln die völlige Durchmischung der Probe. Die Bürette wird dann an Stelle der Wetterröhre in die Apparatur eingebaut. Zur Volumenbestimmung der angewandten Gasmenge bei niedrigprozentigen Proben wird die Gassammelröhre mit dem geöffneten Hahn so weit in Wasser getaucht, bis der Wasserstand inner- und außerhalb der Röhre gleich ist; der Hahn wird geschlossen und der Stand genau an der Glaswand vermerkt. Nach der Analyse läßt man das Wasser aus der Gassammelröhre bis zur Marke in einen Meßzylinder laufen und liest so das Volumen des Wassers ab. Das zu untersuchende Gas wird in langsamem Strom (2 Blasen je s) durch die Vorrichtung geleitet. Danach schaltet man die betreffenden Hähne an der Entnahmevorrichtung um und spült $^1/_2$ h lang mit Luft

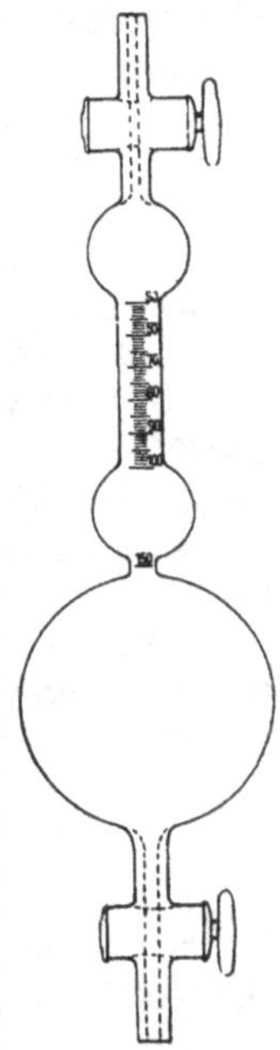

Abb. 28. Mischburette nach Kattwinkel

nach, damit auch die letzten Reste des Gases zur Reaktion kommen. Sollte einmal so viel Jod ausgeschieden werden, daß die vorgelegte Lösung blau wird, dann gibt man weitere Thiosulfatlösung zu und spult solange mit Luft, bis keine weitere Jodausscheidung mehr festzustellen ist. Am Schluß der Untersuchung wird, wie schon erwähnt, das Thiosulfat gegen die Jodlösung zurücktitriert und so der Gehalt an Kohlenoxyd bestimmt.

Zum Abmessen der Thiosulfatlösung und zur Titration mit Jodlösung verwende man 2 Glashahnbüretten mit Schellbachstreifen, 25 ccm in $^1/_{20}$ ccm Einteilung, die mit der von Kölliker[1]) vorgeschlagenen Platin-Kapillar-Spitze ausgestattet sind. Dieselben zeichnen sich durch stets gleichbleibende Tropfengröße aus.

Berechnung: Die in einem Leerversuch ermittelte Anzahl cm^3 Jodlosung, die man für 10 cm^3 Thiosulfatlösung verbraucht, sei a. Werden bei der Analyse b cm^3 Jodlösung verbraucht, dann ist (a — b) die dem Kohlenoxydgehalt des Gases entsprechende Menge Jod. Hat man x cm^3 Gas zur Analyse angewendet, dann ist:

$$\% \text{ CO} = \frac{(a - b) \cdot 5}{x}$$

1 ccm der Jodlösung entspricht 0,05 ccm CO bei 20° C, 760 mm Hg, trocken.

Reagenzien[2]):

Jodpentoxyd: Jodsäureanhydrid granuliert, zur Analyse (zur Rauchgasanalyse), „Merck".

Kalilauge: 100 g Kaliumhydroxyd reinst, Plätzchen, zur Analyse, in 200 ccm dest. Wasser gelöst und dann filtriert.

Rauchende Schwefelsäure: Schwefelsäure rauchend, etwa 20% SO_3.

Konzentrierte Schwefelsäure: Schwefelsäure reinst, 1,841, D. A. B. 6.

Verdünnte Schwefelsäure: 200 ccm konz. Schwefelsäure werden in 1 l Wasser eingegossen.

---

[1]) Spatz, Chem. Fabrik **1936**, S. 70.

[2]) Bezugsquelle: Chemische Fabrik E. Merck, Darmstadt.

Ätzkali: Kaliumhydroxyd reinst, Plätzchenform, zur Analyse.
Magnesiumperchlorat: Magnesiumperchlorat trocken, „Merck".
Kupferoxyd: Kupferoxyd, Draht oder granuliert.

$^1/_{10}$ n. Natriumthiosulfatlösung: 24,822 g Natriumthiosulfat zur Analyse werden in 1 l dest. Wasser gelöst, das durch Kochen kohlensäurefrei gemacht wurde.

$^1/_{10}$ n. Jodlösung: 12,692 g resublimiertes Jod werden in 20 ccm Wasser, das 25 g Kaliumjodid zur Analyse enthält, gelöst und mit dest. Wasser auf 1 l verdünnt.

Stärkelösung: Stärkelösung wird vor dem Gebrauch frisch bereitet durch Auflösen von 0,5 g Stärke löslich nach Zulkowsky in 100 ccm siedendem Wasser und Filtrieren der Lösung durch ein Faltenfilter.

Tetrachlorkohlenstoff: Tetrachlorkohlenstoff zur Analyse.

Anmerkung. Ist der Kohlenoxydgehalt höher als 0,5 Vol.-%, so empfiehlt es sich, da die Destillation des Jods und die Freimachung der Apparatur von den Jodresten sehr lange Zeit in Anspruch nimmt, das Kohlenoxyd im erweiterten Wetterapparat mit Jodpentoxyd-Schwefelsäure-Aufschlämmung zu bestimmen.

Eine Abart der Kohlenoxyd-Feinbestimmung nach Winter und Braukmann ist das Verfahren von Tauß und Jungmann[1]), das in einigen Bergwerkslaboratorien zur Anwendung gelangt. Es beruht darauf, daß das Jod in Jodkaliumlösung destilliert und mit Thiosulfat titriert wird. Das Verfahren ist von Müller-Neuglück[2]) ausführlich beschrieben. Irgendwelche Vorteile vor der Winter-Braukmann-Methode hat es nicht aufzuweisen. Seine Werte liegen etwas höher.

Der Ultrarotschreiber der Badischen Anilin- und Sodafabrik zur Bestimmung des Methans ist auch als CO-Meßgerät übertage beschrieben worden[3]). Es besteht aus je einem Ultrarotabsorptionsschreiber fur CO und für CH_4 mit den erforderlichen Gefäßen zur Entfernung der Störgase. Die Ultrarotschreiber (sog. Uras-Apparate) sind elektrische Feinmeßgeräte,

---

[1]) Bunte und Schneider, Zum Gaskursus. **1948**, S. 194.

[2]) Glückauf **1939**, S. 340.

[3]) A. Jäger und W. Grebe, Gluckauf **1949**, S. 294

deren Verwendung untertage durch die notwendigen elektrischen Anschlüsse Grenzen gezogen sind.

Über eine registrierende Apparatur zur CO-Bestimmung bis zu 0,001% berichtet O. Pfundt[1]).

d) Die qualitative Bestimmung des Kohlenoxyds mit Jodpentoxyd im Untertagebetrieb

Schlapfer und Hofmann[2]) haben gezeigt, daß eine Aufschlämmung von Jodpentoxyd in rauchender Schwefelsäure geeignet ist, Kohlenoxyd bei gewöhnlicher Temperatur zu oxydieren. Bei dieser Reaktion entstehen Verfärbungen von grünlich, bläulich bis braun oder schwarz. Diese Farbveränderungen werden aber auch von Benzol, Benzin, Äthylen, Schwefelwasserstoff und auch von Wasserstoff hervorgerufen. Bei letzterem ist die Verfärbung vorübergehend. Nach Entfernung genannter Gase ist es möglich, mit Hilfe von Jodpentoxyd-Schwefelsaure eine kolorimetrische Kohlenoxydbestimmung zu entwickeln. Der Degea-Kohlenoxydanzeiger Nr. 205 der Auergesellschaft, Berlin, und das Kohlenoxyd-Spürgerat Modell 16 des Dragerwerks, Lübeck, sind auf der Oxydation des CO durch Jodpentoxyd-Aufschlammung aufgebaut. Man kann mit der Prüf-Apparatur dieser Firmen noch sehr kleine Mengen Kohlenoxyd angeben. Die Werte sind zwar Annaherungswerte, doch genügen sie für den Grubenbetrieb. Das CO-Spürgerät von Draeger besteht aus einer Handpumpe zum Ansaugen von Luft sowie den Prüfröhrchen. Das CO-Prüfröhrchen Muster 18 ist ein etwa 10 cm langes Glasröhrchen, das an dem einen Ende durch eine zugeschmolzene Kugel, an dem andern Ende durch eine ausgezogene Spitze verschlossen ist. Die Luft tritt beim Gebrauch an dem Kugelende ein und bei der Spitze aus. An der Luftaustrittsseite liegt die weiße oder schwach gelblich gefärbte Reaktionsmasse; vor dieser Reaktionsmasse befindet sich die Vorreinigungsmasse. Diese besteht aus einer Schicht

[1]) Chem. Fabrik **1933**, S. 69.

[2]) Monatsbull. Schweiz. Ver. Gas- und Wasserfachmanner **1927**, S. **293**, **349**.

Kieselsäuregel, welches mit Schwefeltrioxyd getränkt ist. Zum Gebrauch wird die Spitze des Rohres abgeschnitten, das Rohr in die Pumpe gesteckt und 10 Pumpenhübe ausgeführt.

Beurteilung.

a) Die Farbe der Reaktionsschicht bleibt weiß oder schwach elfenbeinfarben: kein CO.

b) Die Farbe der Reaktionsmasse ist blaßgrün: CO vorhanden, jedoch unter 0,01 Vol.-%.

c) Die Reaktionsschicht ist unmittelbar nach dem Durchsaugen braun gefärbt; die Farbe wechselt aber nach wenigen Minuten allmählich nach tiefgrün: CO über 0,01 Vol.-%.

Zur genauen Auswertung des Prüfergebnisses dient eine im Deckel des Behälters untergebrachte farbige Vergleichstafel.

Der Degea-Kohlenoxydanzeiger unterscheidet sich von dem Draeger-CO-Spürgerät dadurch, daß ein Röhrchen mit den Farbtönen und mit Angabe des CO-Gehalts mit dem Prüfröhrchen verglichen wird, so daß der CO-Gehalt unmittelbar abgelesen werden kann.

Anmerkung. Im Laboratorium werden die Prüfröhrchen zum qualitativen Nachweis des CO herangezogen. Im ungewissen Licht untertage sind die Farbübergänge, die vielfach recht schwach sind, nicht mit genügender Sicherheit zu erkennen.

e) Die Berechnung einer Brandgas-Analyse

Normalerweise ermittelt man in einem Brandgas CO . CH_4, CO, O_2 und N Durch Absorption erhält man CO und O_2 CO wird gesondert nach der Jodpentoxydmethode bestimmt CH_4 wird am Platindraht verbrannt, wobei auch das CO mitverbrennt. N_2 ist gleich $100 - (CO_2 + O_2 + CH_4 + CO)$.

Berechnung von CH_4 bei bekanntem CO-Gehalt y[1]):

$$\% CH_4 = \frac{c}{5} - y$$ (c = gemessene Kohlensäure-Absorption nach der Verbrennung)

$$\% O = \frac{d}{,5} + s$$ (d = gemessene Absorption durch Phosphor; s = Sauerstoffverbrauch = $2 \cdot \% CH_4 + \frac{1}{2}\% CO$).

[1]) Nach P. Michaelis, Glückauf **1949**, S. 253.

Berechnung von CH_4 und H_2 bei bekanntem CO-Gehalt y[1]):

$$\% CH_4 = \frac{c}{5} - y$$

$$\% H_2 = \frac{2}{15} \cdot (b - 2 \cdot c) + y$$ (b = Volumenabnahme nach der Verbrennung).

XI. Die Bestimmung des Schwefelwasserstoffs

a) Qualitative Prüfung

Zum Nachweis des Schwefelwasserstoffs dient eine 25%ige Bleiacetatlösung. Ein mit diesem Reagenz angefeuchtetes Filtrierpapier soll sich bei Abwesenheit von Schwefelwasserstoff nach 1 Minute in der Farbe nicht verändern. Beim Auftreten einer schwachen Braunfärbung kann man mit weniger als 0,2 g/Nm^3 Gas rechnen. Tritt eine deutliche Braunfärbung ein, dann sind 0,2 — 0,5 g/Nm^3 Gas vorhanden. Bei Schwärzung des Reagenz ist die Konzentration größer als 0,5 g/Nm^3 Gas.

b) Quantitative Bestimmung

Prinzip: Die Methode beruht auf der Bindung des Schwefelwasserstoffs mit Hilfe von Kadmiumacetat als Kadmiumsulfid. Das unlösliche Kadmiumsulfid wird auf jodometrischem Wege bestimmt.

Apparatur: In folgender Reihenfolge wird die Vorrichtung zusammengestellt: Gasentnahme-Trichter bzw. Rohr ⟶ Staubfilter ⟶ 2 Intensiv-Gaswaschflaschen für große Strömungsgeschwindigkeiten [Gaswaschflasche mit Glasfritte nach Kölliker und Dwilling[2]), Vielkugelrohr nach Zepf und Vetter[3]), Gasabsorptionsrohr nach Cauer[4])] ⟶ Gasmesser mit Thermometer und Manometer ⟶ Saugvorrichtung in Gestalt eines Preßluft-Injektors oder eines Aspirators mit Handbetrieb der Firma S. Mestitz & Sohn, Raudnitz a. d. Elbe[5]).

---

1) Nach P. Michaelis, Glückauf **1949**, S. 253.
2) Chem. Fabrik **1933**, S. 301.
3) Chem. Fabrik **1932**, S. 217.
4) Z. Analyt. Chem. **1935**, S. 166.
5) Heilingötter, Chem. Ztg. **1927**, S. 430

Ausführung: Die Waschflaschen werden mit je 25 ccm Kadmiumacetatlösung gefüllt. Man saugt das Gas bzw. die Wetter durch die Apparatur mit einer Geschwindigkeit, die sich nach der Schwefelwasserstoff-Konzentration des Gases richtet. Nachdem sich soviel Kadmiumsulfid gebildet hat, daß die Titration sich lohnt, wird der Versuch abgebrochen. Der Niederschlag wird abfiltriert, mit essigsäurehaltigem Wasser nachgewaschen und dann samt Filter in einen Erlenmeyerkolben mit Schliffstopfen gebracht. Nach Zusatz von 50 ccm $^1/_{100}$ normaler Jodlösung wird mit Wasser verdünnt, dann werden 10 ccm Salzsäure (1,124) zugegeben. Der Jodüberschuß wird nun in Gegenwart von Stärkelösung mit $^1/_{100}$ normaler Natriumthiosulfatlösung zurücktitriert.

1 ccm $^1/_{100}$ n. Jodlösung = 0,00017 g H_2S.

Berechnung:

$$\frac{(50 - a) \times 0{,}00017 \times 100}{\text{Gas in Nm}^3} = \text{g } H_2S/100 \text{ Nm}^3.$$

Reagenzien:

Kadmiumacetatlösung: 50 g Kadmiumacetat zur Analyse und 10 ccm Eisessig (mindestens 96%) werden zu 1 l gelöst.

Salzsäure: 1,124, zur Analyse.

$^1/_{100}$ n. Jodlösung: $^1/_{10}$ n. Jodlösung im Meßkolben 1 + 9 verdünnt.

$^1/_{100}$ n. Natriumthiosulfatlösung: $^1/_{10}$ n. Natriumthiosulfatlösung im Meßkolben mit ausgekochtem Wasser 1 + 9 verdünnt.

Stärkelösung: 1%ige Lösung, durch Auflösen von 1 g Stärke, löslich, in 100 ccm Wasser und Filtrieren der Lösung durch ein Faltenfilter.

XII. Die Bestimmung der Feuchtigkeit

a) In den Grubenwettern

Prinzip: Die Abkühlung durch Verdunstung von Wasser in einem Wetterstrom ist ein Maß für die relative Sättigung desselben.

A p p a r a t : Aspirationspsychrometer nach A ß m a n n[1]). Dasselbe ist in Abbildung 29 dargestellt. Es besteht aus zwei in $^1/_{10}$ Grad eingeteilten Thermometern, von denen die Quecksilberkugel des einen mit einem feuchten Mulläppchen um-

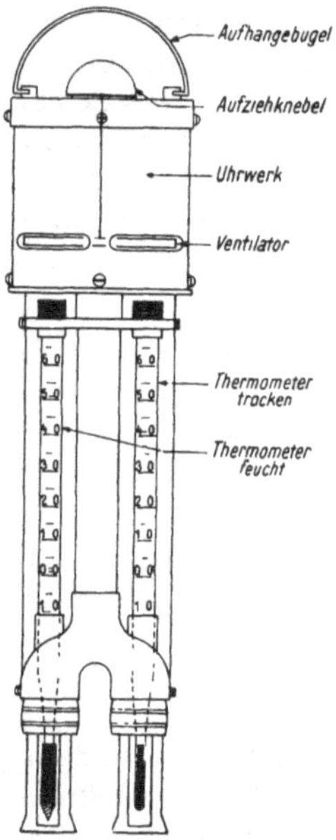

Abb. 29. Aspirations-psychrometer n. A ß m a n n

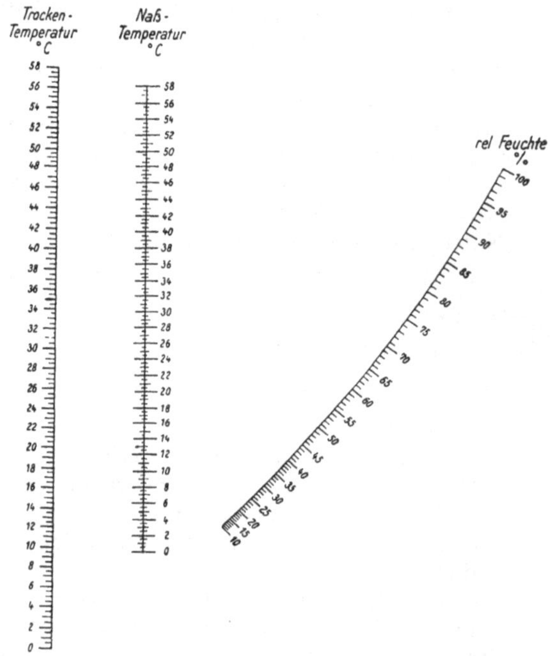

Abb. 30. Feuchtigkeitsdiagramm

geben ist. Beide Thermometer stecken in einem U-Rohr, das mit einem Ventilator in Verbindung steht.

A u s f ü h r u n g : Man schaltet den Ventilator ein, der die Grubenluft durch das U-Rohr ansaugt. Durch Verdunstung wird Feuchtigkeit aus dem Läppchen aufgenommen und die Temperatur des feuchten Thermometers fällt etwas. Die Auswertung erfolgt diagrammatisch an Hand der Abbildung 30.

1) Zu beziehen von R. F u e ß , Mechanisch-optische Werkstätten, Berlin-Steglitz.

Man verbindet die betreffenden Punkte der Thermometerskalen bis zum Schnitt mit der rechten Teilung und kann direkt die relative Feuchtigkeit in Prozent ablesen.

Der Wasserdampfgehalt der Grubenluft ist fast immer größer als über Tage und erreicht in den meisten Steinkohlengruben nahezu den Sättigungsgrad. Daher entspricht die in mm Quecksilber angegebene Tension des Wasserdampfes bei einer bestimmten Temperatur fast genau der Anzahl von Grammen Wasserdampf, welche bei völliger Sättigung in 1 cbm Luft enthalten sind.

b) Im Gas der Brandfelder

Ausführung: 2 gewogene, mit Kalziumchlorid und Phosphorsäureanhydrid gefüllte U-Röhrchen schließt man hintereinander an die Entnahmestelle des Brandfeldes an und kühlt die Röhrchen in einer Eis-Kochsalz-Mischung so weit ab, daß das Thermometer bei vorher heißen Gasen nicht mehr als 20—30° anzeigt. Die Strömungsgeschwindigkeit betrage etwa 10 l/h. Das Gas wird mit einer gewöhnlichen Gasuhr gemessen, wobei gleichzeitig Temperatur und Druck bzw. Saugung des Gases zu beobachten sind. Das Gas wird solange durchgeleitet, bis eine gut wägbare Menge Wasser absorbiert ist, was man an dem Zusammenbacken des Kalziumchlorids erkennen kann.

Berechnung: Die Gewichtszunahme durch die auf Normalzustand reduzierte trockene Gasmenge dividiert, ergibt den Feuchtigkeitsgehalt in g/Nm³ Brandgas.

Bücherverzeichnis

Bayer, Fritz: Gasanalyse. 2. Aufl. 1941 Ferdinand Enke Verlag, Stuttgart.

Treadwell, W. D.: Tabellen und Vorschriften zur quantitativen Analyse. 2. Aufl 1947. Verlag von Franz Denticke, Wien.

Winkler, Clemens: Lehrbuch der technischen Gasanalyse. 5 Aufl. 1927. Verlag von Artur Felix, Leipzig.

Brunck, Otto: Die chemische Untersuchung der Grubenwetter 3. Aufl. 1920. Verlag von Graz & Gerlach, Freiberg in Sachsen.

Sammelwerk: Die Entwicklung des niederrheinisch-westfalischen Steinkohlenbergbaus in der zweiten Hälfte des 19. Jahrhunderts. 1903, Bd. 6.

Schultze-Rhonhof, Herbert, u. Klinger, Konrad· Gruben brand Versuche Verlag Gluckauf, Essen, 1948.

Tabellen

Spannung des Wasserdampfes

Temperatur	mm Q. S.	Temperatur	mm Q. S.	Temperatur	mm Q. S.
0	4,6	17	14,5	34	39,9
1	4,9	18	15,5	35	42,2
2	5,3	19	16,5	36	44,6
3	5,7	20	17,5	37	47,1
4	6,1	21	18,7	38	49,7
5	6,5	22	19,8	39	52,4
6	7,0	23	21,1	40	55,3
7	7,5	24	22,4	41	58,3
8	8,0	25	23,8	42	61,5
9	8,6	26	25,2	43	64,8
10	9,2	27	26,7	44	68,3
11	9,8	28	28,3	45	71,9
12	10,5	29	30,0	46	75,7
13	11,2	30	31,8	47	79,6
14	12,0	31	33,7	48	83,7
15	12,8	32	35,7	49	88,0
16	13,6	33	37,7	50	92,5

Umrechnung von mm Wassersäule in mm Quecksilbersäule

Wassersaule	Quecksilbersaule	Wassersaule	Quecksilbersaule	Wassersaule	Quecksilbersaule
1	0,07	18	1,32	35	2,58
2	0,15	19	1,40	36	2,66
3	0,22	20	1,47	37	2,73
4	0,29	21	1,55	38	2,80
5	0,37	22	1,62	39	2,88
6	0,44	23	1,69	40	2,95
7	0,52	24	1,77	41	3,02
8	0,59	25	1,84	42	3,10
9	0,66	26	1,92	43	3,17
10	0,74	27	1,99	44	3,25
11	0,81	28	2,06	45	3,32
12	0,88	29	2,14	46	3,39
13	0,96	30	2,21	47	3,46
14	1,03	31	2,28	48	3,54
15	1,11	32	2,36	49	3,61
16	1,18	33	2,43	50	3,68
17	1,25	34	2,50		

Zündgrenzen reiner Gase im Gemisch mit Luft bei 20° und 1 At.
Vol.-%

Gas	untere Zündgrenze	obere Zündgrenze
Wasserstoff	4,1	75
Kohlenoxyd	12,5	75
Methan	5,0	15
Äthan	3,0	14
Propan	2,1	9,5
Butan	1,5	8,5
Äthylen	3,0	33,3
Propylen	2,2	9,7
Butylen	1,7	9,0
Azetylen	2,3	82
Zyan	6,6	42,6
Zyanwasserstoff	12,75	27
Kohlenoxysulfid	11,9	28,5
Ammoniak	15,7	27,4
Schwefelwasserstoff	4,3	45,5

Niedrigste Zündtemperatur von Gasen in Mischung mit Sauerstoff bzw. Luft bei Atmosphärendruck*)

Gas	Zündtemperatur im Gemisch mit	
	Sauerstoff in °C	Luft in °C
Azetylen	—	335
Äthan	500	530
Äthylen	485	540
Butan	460	490
Butylen	400	445
Zyan	800	850
Kohlenoxyd	590	610
Leuchtgas	450	560
Methan	645	645
Propan	490	510
Propylen	420	455
Schwefelwasserstoff	220	290
Wasserstoff	450	530

*) Nach Landolt-Bornstein, Phys.-Chem. Tabellen, Verlag Springer, Berlin **1936**, Eg. III c, S. 2934; sowie nach Dixon und Coward, Journ. Chem. Soc., London **1934**, 1382/1406.

Gastabelle

Molekulargewichte, Molvolumina, Kubikmetergewichte und Dichte von Gasen

Gas		Molekular-gewicht	Mol-volumen $0^0/760$ mm Hg Nm^3/kg Mol (Norm DIN E 1871)	Norm-kubik-meter-gewicht kg/Nm^3	Dichte $0^0/760$ mm Hg bezogen auf Luft = 1. 1 Nm^3 Luft wiegt 1,2928 g
Sauerstoff	O_2	32,0000	22,39	1,42895	1,1053
Stickstoff	N_2	28,016	22,40	1,2505	0,9673
Luftstickstoff	N_2	28,016	22,40	1,2567	0,9721
Luft (CO_2-frei)		28,96	22,40	1,2928	1,0000
Wasserstoff	H_2	2,0156	22,43	0,08987	0,06952
Kohlenoxyd	CO	28,000	22,40	1,2500	0,9669
Kohlensäure	CO_2	44,000	22,26	1,9768	1,5291
Methan	CH_4	16,031	22,36	0,7168	0,5545
Äthan	C_2H_6	30,047	22,16	1,356	1,049
Äthylen	C_2H_4	28,031	22,24	1,2605	0,9750
Propan	C_3H_8	44,062	21,82	2,019	1,562
Propylen	C_3H_6	42,047	21,96	1,915	1,481
Butan (normal)	C_4H_{10}	58,078	21,49	2,703	2,091
Butylen	C_4H_8	56,062	21,49	(2,50)	(1,93)
Benzol	C_6H_6	78,047	(22,4)	(3,48)	(2,69)
Azetylen	C_2H_2	26,016	22,22	1,1709	0,9057
Toluol	C_7H_8	92,063	—	—	3,1775
Schwefelwasserstoff	H_2S	34,076	22,14	1,5392	1,1906
Schwefeldioxyd	SO_2	64,060	21,89	2,9263	2,2635
Ammoniak	NH_3	17,031	22,08	0,7714	0,5967
Stickoxyd	NO	30,008	22,39	1,3402	1,0367
Stickoxydul	N_2O	44,016	22,25	1,9780	1,5300
Helium	He	4,002	22,42	0,1785	0,1381
Neon	Ne	30,183	22,43	0,8999	0,6961
Argon	Ar	39,944	22,39	1,7839	1,3799

Verbrennungswarmen und Heizwerte gasförmiger Brennstoffe (kcal/Nm³ und kcal/kg) nach DIN 1872

Gas		Verbrennungswarme			
		oberer Heizwert		unterer Heizwert	
		kcal/Nm³	kcal/kg	kcal/Nm³	kcal/kg
Wasserstoff	H_2	3050	33910	2570	28570
Kohlenoxyd	CO	3020	2420	3020	2420
Methan	CH_4	9520	13280	8550	11930
Äthan	C_2H_6	16820	12410	15370	11330
Propan	C_3H_8	24320	12040	22350	11070
n-Butan	C_4H_{10}	32010	11840	29520	10920
Äthylen	C_2H_4	15290	12130	14320	11360
Propylen	C_3H_6	22540	11770	21070	11000
Butylen	C_4H_8	(29110)	11630	(27190)	10860
Azetylen	C_2H_2	14090	12030	13600	11620
Benzoldampf	C_6H_6	(34960)	10030	(33520)	9620
Ammoniak	NH_3	4120	5340	3390	4400
Schwefelwasserstoff	H_2S				
Verbrennung zu	SO_2	6140	3990	5660	3680
Verbrennung zu	SO_3	7200	4680	6720	4360

1. Berechnung des Heizwertes von Grubengasen aus der Analyse

Der Heizwert eines Gasgemisches ist gleich der Summe der Heizwerte der Einzelbestandteile und kann demgemäß auf Grund der chemischen Zusammensetzung aus den bekannten Verbrennungswärmen der reinen Gase errechnet werden. Bei der Errechnung des oberen und unteren Heizwertes werden die Prozentgehalte der Gasbestandteile mit den Heizwertzahlen der reinen Gase multipliziert und die Produkte addiert.

$$H_0 = \frac{n_1 H_1 + n_2 H_2 + n_2 H_3 + \ldots\ldots}{100}$$

H_0 = gesuchter oberer Heizwert (bei 0°, 760 Torr., trocken);
n_1, n_2, n_3 usw. = die einzelnen Bestandteile in Volumenprozenten;
H_1, H_2, H_3 usw. = die entsprechenden oberen Heizwerte dieser Einzelbestandteile.

2. Berechnung der Dichte von Grubengasen aus der Analyse

$$d_0 = \frac{n_1 d_1 + n_2 d_2 + n_3 d_3 + \ldots\ldots}{100}$$

d_0 = die gesuchte Dichte des Gases (bei 0°, 760 Torr., trocken);
n_1, n_2, n_3 usw. = die einzelnen Bestandteile in Volumenprozenten;
d_1, d_2, d_3 usw. = die entsprechenden Dichten dieser Einzelbestandteile.

NAMENREGISTER

SACHREGISTER